Dr. Wolfgang Dierl

Schmetterlinge

Heimische Tagfalter und Nachtfalter

BLV

Die Deutsche Bibliothek –
CIP-Einheitsaufnahme

Schmetterlinge : heimische Tagfalter und Nachtfalter / Wolfgang Dierl. – 5., durchges. Aufl., Neuausg. – München ; Wien ; Zürich : BLV, 1998
(BLV-Naturführer)
ISBN 3-405-15116-3

BLV Verlagsgesellschaft mbH,
München Wien Zürich
80797 München

5., durchgesehene Auflage, Neuausgabe

BLV Naturführer

Lektorat: Dr. Friedrich Kögel
Umschlagentwurf: Studio Schübel, München
Satz und Druck: Appl, Wemding
Bindung: Auer, Donauwörth

Gedruckt auf chlorfrei gebleichtem Papier

Printed in Germany · ISBN 3-405-15116-3

Bildnachweis:

Angermayer: 12 o, 25 u, 31 ul
Bellmann: 23 o, 25 o, 75 or, 103 o, 105 o, 119 ur, 125 o, 125 u
Daudt: 47 o, 65 ol
Eisenbeiss: 23 u, 43 u, 45, 47 u, 55 o, 59 ul, 61 o, 61 u
Eisenreich: 10 ol, 14 o, 14 u, 15 o, 15 u, 27 u, 29 ol
Handel: 75 ur
Hansen: 115 u
Harz: 67 ul, 99 or, 123 ul, 123 ur
Heppner: 79 u
Hinz: 37 ol, 57 o, 59 o, 83 o
Kerber: 29 or
Löhr: 33 or, 65 u, 69 o, 69 ul, 73 u, 79 o, 85 o, 85 u, 97 o, 97 ur, 99 ol, 99 u, 113 o, 113 u, 115 o, 119 ul
Marktanner: 77 ul, 101 ol, 101 u, 111 o
Moosrainer: 27 ol
Pfletschinger/Angermayer: 89 o, 89 u, 95 ul, 111 u
Pforr: 2/3, 12 u, 65 or, 67 ur, 69 ur, 81 o, 81 u, 95 ur, 105 ul, 107 o, 121 o, 123 o
Reinhard: 29 ur
Ruckstuhl: 37 u, 49 u, 63 ul, 63 ur, 77 ur, 95 o, 121 u
Willner: 33 u, 91 o, 119 o
Wothe: 117 u
Zepf: 9 ol, 9 or, 10 or, 11 (alle), 27 or, 29 ul, 31 o, 31 ur, 33 ol, 35 o, 35 u, 37 or, 39 o, 39 u, 41 o, 41 u, 43 o, 49 o, 51 o, 51 u, 53, 55 u, 57 ul, 57 ur, 59 ur, 63 o, 67 o, 71 o, 71 u, 73 o, 75 ol, 75 ul, 77 o, 83 u, 87 o, 87 u, 91 u, 93 (alle), 97 ul, 101 or, 103 u, 105 ur, 107 ul, 107 ur, 109 (alle), 117 o

Fotos auf dem Umschlag:
Eisenreich (Tagpfauenauge, Vorderseite);
Eisenreich (Hauhechelbläuling, Rückseite)

Zeichnungen: Barbara von Damnitz, außer S. 7 oben: Wolfgang Dierl, und außer S. 70: Axel Hausmann

Einführung

Schmetterlinge gehören unter den Insekten zu den Lieblingen des Menschen, sie begeistern ihn durch ihre Fülle von Formen und Farben und durch ihre Harmlosigkeit. Daß es auf der Erde weit über 100 000 Arten gibt, ist wenig bekannt und die Zahl von fast 5000 mitteleuropäischen noch weniger. Man rechnet ja alles »Mottenartige« und die vielen Nachtfalter ebenfalls zu den Schmetterlingen. Es fällt also schwer, aus dieser großen Zahl von Arten eine Auswahl zu treffen, die dem Umfang dieses Buchs angemessen ist und es für den Naturfreund brauchbar macht. Naturgemäß werden die großen, am Tage fliegenden Arten, die sogenannten Tagfalter bevorzugt; man sieht sie am häufigsten und kann sie in der Regel ohne sie zu fangen, also nur durch Beobachtung, recht gut bestimmen. Schwieriger ist es bei der großen Zahl der Nachtfalter, die sich oft recht ähnlich sehen und meist nur durch Fang sicher erkannt werden können. Hier wird nur eine Auswahl von typischen Arten vorgestellt, dem Laien ist damit sicher gedient. Wer genauere Kenntnis haben will und diese Arten ganz genau benennen möchte, muß auf die umfangreiche Spezialliteratur zurückgreifen und sogar Präparationen am Tier vornehmen, um zum Ziel zu kommen. Das gilt in noch höherem Maß für die sogenannten Kleinschmetterlinge, die »Mottenartigen« also, die in vielen Fällen ohne Mikroskop überhaupt nicht bestimmbar sind. Auch hier sind nur einige typische Vertreter vorgestellt.

Wir wissen heute, daß Schmetterlinge wichtige Anzeiger für den Zustand der Natur sind. Ihre Zahl hat sich leider in den letzten Jahrzehnten durch menschliche Eingriffe in die Natur verringert. Das gilt besonders für spezialisierte Arten, die in Lebensräumen vorkommen, die dem Menschen wenig »nützlich« sind, zum Beispiel in Mooren. Sie werden in absehbarer Zeit ausgestorben sein, wenn der Zerstörung dieser Biotope nicht Einhalt geboten wird. Das möge Anreiz sein, die Tiere zu beobachten, weniger sie zu sammeln. Sammlungen gibt es genug, unsere Kenntnis über Entwicklung und Lebensweise ist jedoch in vielen Fällen noch gering, wie aus dem entsprechenden Abschnitt bei der Beschreibung einzelner Arten zu erkennen ist. Von manchen Arten kennen wir weder Raupe noch Nahrungspflanze.

Fotos geben einen lebendigen Eindruck von den Tieren, wenn sie auch nicht immer alle für die Bestimmung wichtigen Merkmale zeigen. Deshalb sind in den Beschreibungen der einzelnen Arten unter Merkmale die wichtigsten Eigentümlichkeiten aufgezeigt, die die Arten kennzeichnen. Zusätzlich werden in den Grafiken besondere Kennzeichen dargestellt oder Zusammenhänge aus der Biologie (s. u.) illustriert.

Unter Vorkommen ist sowohl die geographische Verbreitung als auch das lokale Vorkommen aufgezeigt, also Lebensräume, und daneben noch die Jahreszeit des Erscheinens. Letztere wird meist nicht in Monaten angegeben, da sie witterungsbedingt

wechseln kann, sondern vielmehr in Jahresabschnitten.
Unter Nahrung findet man Bemerkungen über die Nahrung der Falter, soweit in Frage kommend, und über die Futterpflanzen der Raupen. Da es oft sehr viele sind, können manchmal auch hier nur zusammenfassende Angaben gemacht werden.
Unter Entwicklung, Lebensweise finden sich Angaben zu diesen Themen, aber auch allgemeinere Bemerkungen, z.B. über die Funktion bestimmter Merkmale oder über Verwandtschaftsbeziehungen.
In den folgenden Abschnitten der Einführung werden der Körperbau der Schmetterlinge beschrieben, die Entwicklung der Tiere anhand von Bildserien vorgestellt und schließlich die größeren systematischen Gruppen durch ihre besonderen Merkmale charakterisiert. Die Anordnung der Arten erfolgt in dem heute üblichen System, das ungefähr den Vorstellungen über die Entwicklungshöhe der verschiedenen Gruppen entspricht.
Allen Arten sind deutsche und wissenschaftliche Namen beigegeben, ebenso den Familien. Nicht für alle Arten gibt es »echte« deutsche Namen, und manche Arten werden regional mit unterschiedlichen Namen bezeichnet. Im Gegensatz dazu gibt es für alle Arten wissenschaftliche, in lateinischer Form geschriebene Namen, die nach einem Prinzip vergeben werden, das Carl von Linné eingeführt hat (1758) und heute international gebraucht wird. Dadurch wird eine Verständigung über jede Grenze hinweg möglich. Jede Art (Species) wird dabei in eine Gattung (Genus) gestellt, sie erhält also zwei Namen, den groß geschriebenen Gattungsnamen und den klein geschriebenen Artnamen, hinter dem der Name des erstbeschreibenden Autors stehen kann. Es können mehrere Arten in einer Gattung stehen. Die Gattungen werden in Familien zusammengefaßt, deren Namen durch die Endung »-idae« gekennzeichnet ist (in diesem Führer ist der Familienname am Beginn jeder Artbeschreibung genannt). Schließlich werden alle Familien in eine Ordnung gestellt, hier die der Schmetterlinge (Lepidoptera), die anderen Ordnungen, wie Fliegen oder Käfer, gegenübersteht. Diese bilden zusammen mit anderen Ordnungen die Klasse der Insekten oder Kerbtiere.

Der Körperbau der Schmetterlinge

Wie alle Insekten haben Schmetterlinge einen dreigeteilten Körper: Kopf, Brust und Hinterleib. Der Kopf ist ein kugelförmiges Gebilde, das wichtige Sinnesorgane trägt. Die großen, zusammengesetzten Augen ermöglichen eine optische Orientierung. An den meist langen Fühlern sitzen Geruchsorgane, an den Palpen, die die Mundwerkzeuge umgeben, Geschmacksorgane, um nur die wichtigsten zu nennen. Die Fühler sind vielgliedrige Gebilde, die einfach fadenförmig, an der Spitze kolbig verdickt, gezähnt (gesägt) oder gefiedert sein können (vgl. Grafik). Die Mundwerkzeuge, die zur Aufnahme von Nahrung dienen, bestehen gewöhnlich aus einem einrollbaren Saugrüssel, der im Ruhezustand als Spirale zwischen den Palpen liegt (s. Grafik S.8). Mit ihm werden in

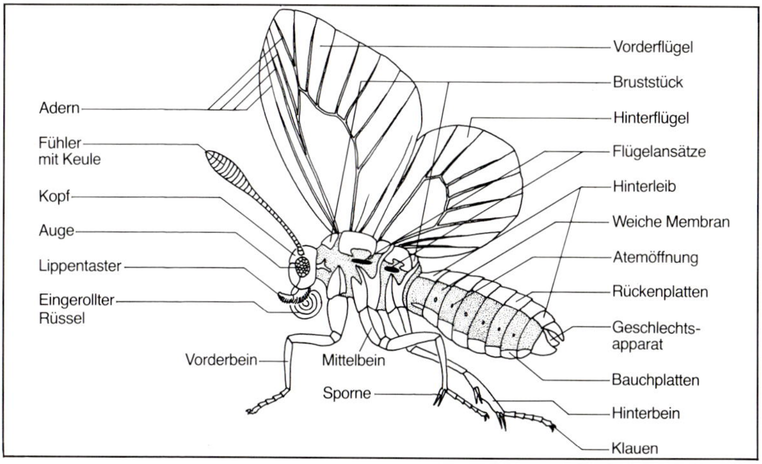

Schematische Darstellung eines Schmetterlings.

der Regel Blütensäfte aufgesaugt, es gibt aber auch andere Nahrungsquellen. Bei vielen Nachtfaltern, besonders bei den sogenannten Spinnern, ist der Rüssel verkümmert, es wird keine Nahrung aufgenommen, die Falter nützen in ihrem kurzen Leben die Speicherstoffe, die die Raupe angereichert hat. Bei den ursprünglichsten Schmetterlingen, den Urmotten, gibt es keinen Rüssel, vielmehr ist noch der Kauapparat vorhanden, wie wir ihn bei vielen anderen Insekten finden (vgl. Grafik S. 8). Mit ihm werden Blütenpollen verzehrt.

Die Brust besteht aus drei Abschnitten, Segmenten, die seitlich die beiden Flügelpaare tragen und auf der Bauchseite drei Beinpaare. Die Flügel sind häutige Ausstülpungen, die durch ein charakterisches System von Adern versteift werden (vgl. Grafik). Der Verlauf der Adern ist für die Einteilung der Schmetterlinge wichtig. Auf der Flügelfläche sind kleine Schuppen mit einem Stiel befestigt. Sie enthalten die Farbpigmente oder Farbstrukturen und haben der Gruppe den Namen gegeben: Lepidoptera (= Schuppenflügler). Farben und Flügelmuster entstehen durch Farbpigmente oder durch besondere Strukturen auf physikalischem Weg (vgl. Schillerfalter, S. 38). Manchmal fehlen die Schuppen, und der glasig durchsichtige Flügel wird sichtbar (vgl. S. 94). Färbung und Zeichnung haben Signalwirkung: Sie tarnen die

Wichtige Fühlerformen.

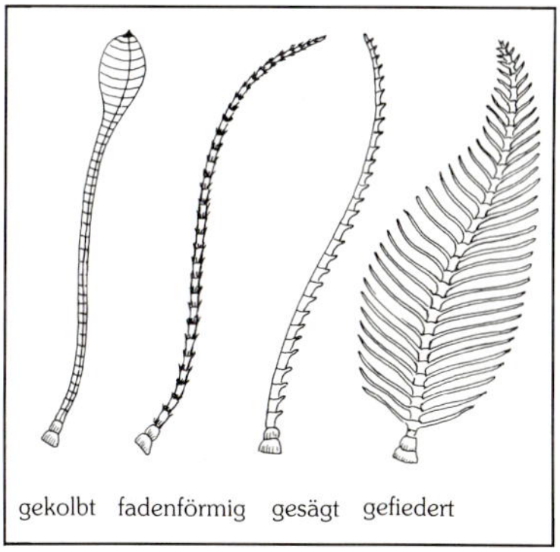

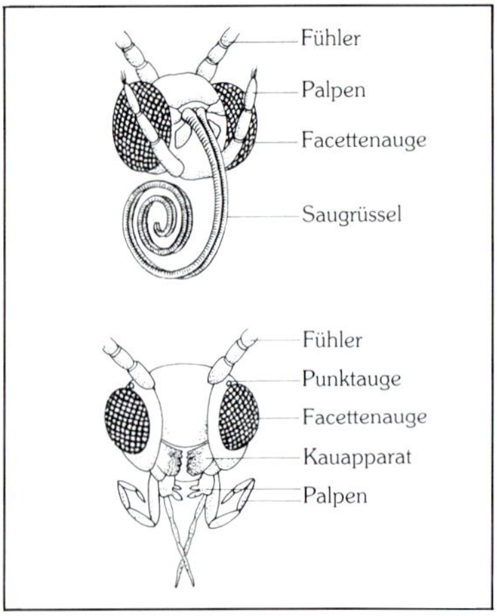

Kopf eines (höher entwickelten) Schmetterlings (oben) und der Urmotte (als ursprüngliche Form).

Tiere, sie können vor Ungenießbarkeit warnen, sie können gefährliche Tiere vortäuschen (Mimikry), sie können erschrecken und dienen nicht zuletzt und besonders bei den am Tage fliegenden Arten zum Erkennen des Geschlechtspartners.

Die drei Beinpaare sind aus mehreren Abschnitten zusammengesetzt und tragen am Ende Haftsohlen und Krallen.

Der Hinterleib bildet eine Röhre, die aus vielen Segmenten zusammengesetzt ist und die Verdauungs- und Geschlechtsorgane enthält. Am Körperende sitzt beim Männchen ein komplizierter Paarungsapparat, der unter anderem eine Greifzange enthält und in der Regel für jede Art charakteristisch geformt ist. Man kann die Arten danach bestimmen. Die Weibchen tragen am Körperende einen Legebohrer, der ausschiebbar und manchmal von beträchtlicher Länge ist. Bei vielen Arten ist er hart und zugespitzt, damit die Eier in die Unterlage eingestochen werden können.

Seitlich an der Brust oder am Hinterleib gibt es bei manchen Familien Gehörorgane. Es handelt sich um Gruben, die von einem Trommelfell überspannt sind und innen von Sinneszellen berührt werden. Gerät das Trommelfell in Schwingungen, so werden diese an das Gehirn weitergemeldet. Die Sinneszellen reagieren besonders auf Ultraschall, den Orientierungsgeräuschen der Fledermäuse, letztere gehören zu den ärgsten Feinden der Schmetterlinge. Diese können somit den nahenden Feind erkennen und flüchten.

Am Ende des Hinterleibs sitzen vor allem bei den Nachtfaltern Duftstoffdrüsen, die es dem Weibchen ermöglichen, die männlichen Tiere selbst über lange Strecken anzulokken. Dies ist um so notwendiger, da die Geschlechter sich durch Sehen nicht erkennen können. Dies gilt allerdings nicht für die Tagfalter. Hier fliegt das Männchen durch bestimmte Farbmuster geleitet das Weibchen an. Da es jedoch viele ähnlich gefärbte Tagfalter gibt und diese sich doch nicht so genau unterscheiden können, haben hier die Männchen spezifische Duftstoffe entwickelt, welche die Weibchen zur Paarung aktivieren.

Die Körperoberfläche der Schmetterlinge besteht wie bei allen Insekten aus einem harten Außenskelett, dessen Teile durch weiche Membranen verbunden und gelenkig gemacht werden. Da diese feste Körperhaut nicht wachsen kann, muß sie im Lauf der Entwicklung mehrmals abgestreift werden, man spricht von Häutungen. Die fertigen Falter häuten sich nicht, können daher im Gegensatz zum Larvenstadium (Raupe) auch nicht mehr wachsen.

Die Entwicklung der Schmetterlinge

Das Ei als erstes Stadium der Entwicklung ist klein und in der Regel kugelig, kann aber auch viele andere Formen haben und ist auf der Oberfläche meist mit feinen Skulpturen versehen. Unter der harten Schale gibt es eine Menge Dotter, aus dem der Embryo aufgebaut wird.

Die junge Larve, bei den Schmetterlingen Raupe genannt, beißt ein Loch in die Eischale, verzehrt meist auch noch den Rest der Eischale und begibt sich nun an die Nahrung, gewöhnlich Teile bestimmter Pflanzen. Die Wahl der Nahrung wird schon bei der Eiablage vom Weibchen bestimmt, das auf bestimmte Inhaltsstoffe der Pflanzen reagiert. Fast ebenso reagiert die Raupe; findet sie nämlich nicht die richtigen Inhaltsstoffe, so verhungert sie lieber als die »falsche« Nahrung zu fressen. Die Pflanzenteile werden mit den Kauwerkzeugen abgebissen, wobei oft sehr charakteristische Fraßbilder entstehen. Aus der Nahrung werden umfangreiche Speicherstoffe gebildet. Da aber die starre Haut ein bedeutenderes Wachstum nicht zuläßt, muß eine neue, größere Haut unter der alten gebildet werden. Letztere wird abgestreift; dieser Vorgang wird

Die Eier des Tagpfauenauges (unten links) werden in Klumpen an den Blättern der Brennessel abgelegt, wo die jungen Raupen zunächst in großen Gesellschaften leben (unten rechts).

Häutung genannt. Er wiederholt sich im Durchschnitt drei- bis viermal, so daß meist 4 bis 5 Raupenstadien auftreten. Ist nun die Raupe erwachsen, hat sie also genug Reservestoffe gesammelt, kommt es zur Verpuppung. Auch das ist eine Häutung, die allerdings zu einem völlig andersartig gebauten Gebilde führt

Das Puppenstadium ist ein Ruhestadium, das, äußerlich fast unbeweglich, im Innern durch gewaltige Umbauten zum Falter führt. Die Vorgänge werden durch Hormone gesteuert, die bestimmen, welche Art von Häutung durchgeführt wird.

Der fertige Falter sprengt nun die Puppenhülle, kriecht heraus und hängt sich an einen Zweig, um die noch kleinen, weichen Flügel zur Entfaltung zu bringen. Die Flügel sind in diesem Stadium stark einge-

Die erwachsene Raupe des Tagpfauenauges hängt sich mit dem letzten Beinpaar in ein kleines Gespinstpolster (oben links) und streift die letzte Raupenhaut ab, so daß die noch weichhäutige und grüne Puppe erscheint (oben rechts). Nach kurzer Zeit erhärtet die Puppenhaut und färbt sich in charakteristischer Weise; es ist eine Stürz- oder Hängepuppe entstanden.
In einigen Wochen entwickelt sich der Falter in der Puppe; die vorgeformten Nähte der Puppe werden spröde und platzen, wenn der nun fertig entwickelte Falter ins Freie drängt (Fotos rechts). Die Flügel sind beim Schlüpfen noch klein, weichhäutig und fein gefaltet, zeigen aber schon die typische Zeichnung. Der ganz befreite Falter hängt sich meist an der leeren Puppe fest; die Flügelstummel hängen nach unten und werden durch Einpressen von Körperflüssigkeit in die Flügeladern zur endgültigen Größe »aufgepumpt«. Der Vorgang dauert etwa eine Stunde. Dann wird die Körperflüssigkeit zurückgezogen und die Flügel erhärten unter Mitwirkung des Luftsauerstoffs. Der Falter ist damit flugfähig und startet bei Sonnenschein bald zu seinem ersten Flug.

faltet und werden durch Einpressen von Blut in die Adern fast wie ein Ballon ausgedehnt. Haben sie nach recht kurzer Zeit ihre volle Größe erreicht, wird die Blutflüssigkeit zurückgezogen, die Adern füllen sich mit Luft, und die zunächst weiche Flügelmembran erstarrt und erreicht ihre für die Funktion notwendige Härte. Erst jetzt kann der Falter fliegen. Der Vorgang dauert etwa eine Stunde.

Nun spielen sich die für die Fortpflanzung notwendigen Vorgänge ab. Arten, die Nahrung aufnehmen, brauchen diese, um die nötige Reife zu erlangen. Ihre Lebensdauer beträgt mehrere Wochen. Andere Arten mit verkümmerten Mundwerkzeugen leben nur wenige Tage oder sogar nur Stunden, die sie für die Paarung und Eiablage brauchen. Damit schließt sich der Entwicklungszyklus.

Die große Mannigfaltigkeit der Eier wurde schon erwähnt, nicht weniger groß ist die Formenfülle der Raupen und Puppen. Mit den Bildserien sollen nicht nur die Entwicklungen von 3 Falterarten dargestellt werden, sondern auch die Unterschiede der Entwicklungsstadien.

Das Tagpfauenauge als Vertreter der Tagfalter hat Raupen mit Dornen auf dem Rücken, die jedoch harmlos sind und Hautausstülpungen darstellen. Andere Tagfalterraupen sind völlig glatt. Nach den verschiedenen Häutungsstadien bildet sich die Puppe, ein äußerlich glattes Gebilde,

Die nackte, mit einem Horn am Hinterleibsende versehene Raupe des Ligusterschwärmers (oben in Schreckhaltung) verwandelt sich in eine braune Puppe mit vorspringender Rüsselscheide (unten).

das nur wenige Vorsprünge aufweist, zunächst grün gefärbt ist, sich später aber mehr oder weniger grau färbt und damit der Umgebung gut angepaßt ist. Wenn der Falter schlüpft, platzen vorbereitete Nähte und der Falter gelangt ins Freie. Die Puppe dieser Art ist nur am Hinterende befestigt; man nennt sie Hänge- oder Stürzpuppe. Andere stehen aufrecht, mit einem Gürtel als Befestigung um die Mitte und einem am Hinterende. Diese werden Gürtelpuppen genannt (vgl. Grafik S. 22).
Die Entwicklung der Schwärmer sei durch die Fotos vom Ligusterschwärmer repräsentiert. Die glatte Raupe, die bei den Schwärmern am Hinterende ein Horn trägt, das andere Nachtfalter nicht aufweisen, gräbt zur Verpuppung in die Erde eine Höhle, die sie durch flüssige Ausscheidungen an der Wand glättet. Die Puppe ist an der Oberfläche glatt und meist braun gefärbt. Wie bei vielen anderen Schwärmern wird der lange Rüssel in einer vorspringenden Rüsselscheide untergebracht. Beim Schlüpfen wird die Wand der Puppenhöhle durchbrochen und der Falter gräbt sich an die Erdoberfläche.
Für viele Nachtfalter ist die Entwicklung des Kleinen Nachtpfauenauges charakteristisch (vgl. Fotos S. 14/15). Die Raupen sind hier entweder glatt oder deutlich behaart, oft sehr stark. Beim Nachtpfauenauge ist die Raupe mit Warzen und mit kurzen, borstenförmigen Haaren besetzt. Andere Spinner, wie die Gruppe wegen der verstärkten Spinntätigkeit der Raupen (s. u.) genannt wird, tragen zum Teil sehr lange Haare.
Viele Schmetterlingsraupen erzeugen vor der Verpuppung ein unterschiedlich dichtes Gespinst, das man Kokon nennt. Alle Kokons bestehen aus Seide, denn diese ist nichts anderes als das Fadengebilde verschiedener Schmetterlingsraupen und besteht hauptsächlich aus Eiweißstoffen. Beim Echten Seidenspinner kann man die Fäden abspulen, da sie ohne Unterbrechung verlaufen, nicht verklebt sind und die nötige Stärke aufweisen. Bei anderen Schmetterlingen treffen diese Eigenschaften nicht zu. Die Raupe des Nachtpfauenauges erzeugt einen besonders gebauten Kokon. Er ist wie eine Birne geformt, mit einer Öffnung am Hals, die von einer Reuse aus steifen Borsten verschlossen ist und nur von innen durchbrochen werden kann. Damit diese Reuse den Falter nicht zu sehr behindert, gibt er beim Schlüpfen einen Tropfen Flüssigkeit ab, der den Ausgang erweicht. Bei anderen Nachtfaltern ist der Kokon ganz geschlossen und wird beim Schlüpfen ganz einfach durchbrochen oder wird durch abgegebene Flüssigkeit aufgelöst.

Gefährdung und Schutz der Schmetterlinge

Es gilt heute als sicher, daß die Populationsgrößen der meisten einheimischen Schmetterlingsarten stark zurückgegangen sind, viele Arten sind in bestimmten Regionen bereits lokal ausgestorben. Es stellt sich somit die Frage, welche Faktoren diesen Rückgang bedingen und was man dagegen tun kann.
An vorderer Stelle dürfte die Zerstörung der Lebensstätten – Biotope – stehen. Besonders spezielle Biotope wie Moore oder Trockenrasen sind

davon betroffen. Ihre spezifischen Arten sind hier durch Trockenlegung, Aufforstung und andere Kulturmaßnahmen besonders gefährdet. Durch die Eingriffe ändert sich nicht nur das Kleinklima, sondern auch besondere Nahrungspflanzen der Raupen werden zurückgedrängt. Letzteres dürfte auch der Grund für den Rückgang der Arten auf kultivierten Flächen sein: Starke Düngung der Wiesen und Verwendung von Herbiziden auf Äckern zur Vernichtung der sogenannten »Un«kräuter führt zum Verschwinden zahlreicher Pflanzenarten, die als Nahrung den Raupen dienen und deren Blütennektar von den Faltern selbst aufgenommen wird. Damit wird aus Nahrungsmangel die Zahl der Nachkommen immer kleiner.

Ein weiteres Problem stellen die giftigen Imissionen der Industrie, der Haushalte und des Verkehrs dar, die durch Niederschläge auf die Nahrungspflanzen gelangen. Daß hier ein sehr wesentlicher Faktor vorliegt, ist aus dem Rückgang der Schmetterlinge in den höheren Lagen der Alpen ersichtlich, deren Lebensräume zwar unverändert aussehen, aber durch giftige Niederschläge doch gefährdet sind.

Das Sammeln von Schmetterlingen ist heute stark eingeschränkt durch umfangreiche Bestimmungen, hat aber sehr selten zu den Gefährdungen geführt, wie sie oft dargestellt werden. In den meisten Fällen ist

Die jungen Raupen des Kleinen Nachtpfauenauges (oben) sind anders gefärbt als die erwachsenen. Mit jeder Häutung, bei der die alte Haut abgestreift wird (unten), ändert sich die Färbung, die schließlich grün mit schwarzen Querbändern ist.

Sammeln heute tatsächlich unnötig, es werden aber auf der anderen Seite auch im Dienste des Naturschutzes Daten gebraucht, die nur durch Sammeln zu erhalten sind. Schützen kann man nur, was man kennt, und manche Lebensdaten der Schmetterlinge sind auch heute noch nicht bekannt.

Viele Schmetterlinge fallen dem Verkehr zum Opfer, da durch hohe Verkehrsdichte und Fahrgeschwindigkeit viele Individuen getötet werden; nachts werden sie zudem durch Lichter irritiert. Allerdings scheinen sich manche Arten an die vielen Lichtquellen angepaßt zu haben.

Aus dem Vorhergehenden ergibt sich, daß der primäre Schutz der Schmetterlinge im Bewahren ihrer Biotope besteht. Sogenanntes Ödland jedweder Art sollte erhalten bleiben und vor den Ansprüchen der Wirtschaft bewahrt werden. Hier könnte auch ein Brachliegen von Teilflächen helfen, obwohl diese oft Jahre brauchen, um wieder ihren natürlichen Zustand zu erreichen. In Gärten, öffentlichen Anlagen und an Straßenböschungen kann durch geänderte Mährhythmen und durch Verminderung der Düngung wieder ein naturähnlicher Zustand geschaffen werden, der den Schmetterlingen Lebensmöglichkeiten gibt. Ein englischer Rasen nützt nichts, dafür aber können Brennesseln, die man an geeigneter Stelle stehen läßt, und der Anbau geeigneter Blumen und

Zur Verpuppung spinnt die Raupe des Kleinen Nachtpfauenauges einen annähernd birnenförmigen Kokon mit reusenartiger Öffnung (unten der aufgeschnittene Kokon mit Puppe), durch die der Falter schlüpfen kann.

Sträucher im Garten den Faltern Nahrungsquellen erschließen.
Der heutige Kenntnisstand über die Bedrohung unserer Tier- und Pflanzenwelt ist in dem Werk »Rote Liste der gefährdeten Tiere und Pflanzen in der Bundesrepublik Deutschland« zusammengefaßt. Hier werden die Arten nach ihrem Grad der Gefährdung oder Bedrohung eingeteilt. Die einzelnen Kategorien reichen von »potentiell gefährdet« über »gefährdet«, »stark gefährdet« und »vom Aussterben bedroht« bis »ausgestorben oder verschollen«.
Viele Rote-Liste-Arten sind heute neben zahlreichen anderen Arten durch das »Bundesnaturschutzgesetz« und die »Bundesartenschutzverordnung« unter Naturschutz gestellt. Bei den in diesem Buch beschriebenen Arten werden am Textende jeweils durch den Vermerk »geschützt« und die Nennung des Gefährdungsgrades (nach der Ausgabe der Roten Liste von 1984) Hinweise auf den oben genannten Status gegeben.
Vergleichbare Rote Listen und eine entsprechende Gesetzgebung gibt es in Österreich und der Schweiz.

Das System der Schmetterlinge

Seit langem teilt man aus praktischen Gründen die Schmetterlinge in Groß- und Kleinschmetterlinge, vor allem von ihrer Größe ausgehend. Diese Einteilung hat jedoch nichts mit dem natürlichen System zu tun, das die entwicklungsgeschichtlichen Verwandtschaftsbeziehungen berücksichtigt, wird aber aus praktischen Erwägungen in der folgenden Übersicht beibehalten. Die Großschmetterlinge werden in Tag- und Nachtfalter unterteilt, vor allem wegen der Tageszeit ihrer Flugaktivität. Es soll aber deutlich darauf hingewiesen werden, daß es auch unter den Nachtfaltern tagfliegende Arten gibt. Die Kleinschmetterlinge werden im Volksmund gewöhnlich Motten genannt, besonders die vielen kleinen und unscheinbaren Tiere, die zum größeren Teil eine nächtliche Lebensweise führen und oft als gefährliche Schädlinge betrachtet werden. Das mag bei den wenigen Echten Motten zutreffen, die meisten anderen »Motten« sind allerdings harmlose Tiere.

■ Familiengruppe Tagfalter

Die breitflügeligen, bunten Tiere fliegen am Tage, besitzen einen wohlentwickelten Rüssel, haben einfache Fühler, die in einer kolben- oder keulenförmigen Verdickung enden, und Flügel, die ohne besonderen Mechanismus miteinander verbunden sind. In Ruhe werden die Flügel über dem Rücken zusammengelegt (»Falter«). Die Gruppe umfaßt die echten Tagfalter (S. 22–62) und die Dickkopffalter (S. 64).

Schwalbenschwanz

Familie Ritterfalter Papilionidae (S. 22–24)
Die großen Falter sind in Mitteleuropa mit 6 Arten vertreten. Der Innenrand ihrer Hinterflügel ist nach innen gebogen, da eine Ader fehlt. Sie sind entweder ge-

schwänzt (Grafik) oder gerundet (s. S. 24). Ihre Raupen sind nackt oder fein behaart und haben hinter dem Kopf meist eine ausstülpbare Gabel. Sie besitzen eine Gürtelpuppe oder die Puppe liegt in einem Gespinst am Boden.

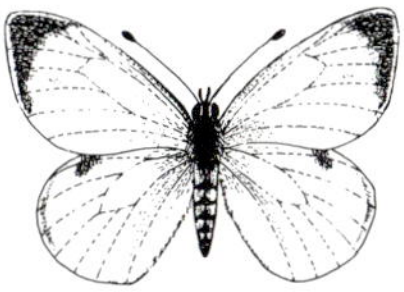

Großer Kohlweißling, ♂

Familie Weißlinge Pieridae (S. 26–28)
In der Regel mittelgroße Falter mit weißen, gelben oder orangenen Farben; ihre Flügel sind am Außenrand gleichmäßig gerundet und weisen die volle Zahl an Adern auf (Grafik). Die Raupen sind sehr fein behaart, die Puppe ist eine Gürtelpuppe. Es gibt in Mitteleuropa etwa zwei Dutzend Arten.

Schachbrett

Familie Augenfalter Satyridae (S. 30–36)
Meist mittelgroße Falter mit bräunlichen Farben, deren Flügel am Außenrand gleichmäßig gebogen sind und meist mehrere runde Augenflecken tragen, die bei manchen Arten besonders auf der Unterseite hervortreten. An der Basis der Vorderflügel sind sehr charakteristisch eine oder mehrere Adern blasig angeschwollen. Die kurz behaarten Raupen verwandeln sich in eine Hängepuppe oder liegen frei am Boden. Etwa 60 Arten in Mitteleuropa.

Tagpfauenauge

Familie Edelfalter Nymphalidae (S. 38–56)
Mittelgroße bis große Falter von sehr unterschiedlicher bunter Färbung, deren Flügel am Außenrand oft eckig oder zackig geformt sind. Die Adern sind nicht angeschwollen, und ihre Vorderbeine sind etwas rückgebildet. Ihre Raupen tragen teilweise Hörner, verzweigte Dornen oder Zapfen und verwandeln sich in Stürzpuppen, die oft metallisch glänzen. Etwa 50 Arten in Mitteleuropa.

Brauner Würfelfalter

Familie Würfelfalter Nemeobiidae (S. 58)
Die einzige europäische Art ist durch ihr Aussehen charakterisiert und steht der nachfolgenden Familie sehr nahe. Die Puppe liegt am Boden. Die Familie ist mit zahlreichen Arten in tropischen Gebieten verbreitet.

Flügelunterseiten
links: Bläuling,
rechts: Zipfelfalter

Familie Bläulinge Lycaenidae (S. 58–62)
Die kleinen Arten dieser Familie sind entweder blau, rot oder braun und haben auf der Unterseite oft zahlreiche kleine runde Flecken (Grafik). Die asselförmigen Raupen (vgl. Grafik S. 62) verwandeln sich in eine gedrungene Hängepuppe oder liegen einfach am Boden. Bei uns gibt es etwa 60 Arten.

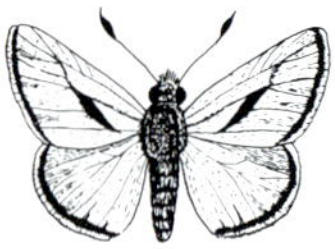

Rostfarbener Dickkopffalter, ♂

Familie Dickkopffalter Hesperiidae (S. 64)
Die kleinen Falter unterscheiden sich von den echten Tagfaltern vor allem durch die hakenförmig gebogenen spitzen Enden ihrer Fühlerkeulen. Ihr Flug ist außerdem schnell und schwirrend, nicht flatternd oder segelnd. Die nackten Raupen leben zwischen zusammengesponnenen Pflanzenteilen, wo sich auch die Puppe findet. Etwa zwei Dutzend Arten in Mitteleuropa.

- **Familiengruppe Nachtfalter**
  Diese Gruppe setzt sich aus sehr unterschiedlichen Familien zusammen, die meist nicht näher miteinander verwandt sind. Traditionell werden hier 4 Untergruppen bezeichnet: Schwärmer, Spinner, Eulenfalter und Spanner, unter denen die Spinner die vielfältigste Untergruppe bilden, die anderen aber echte Einheiten bilden.

Nonne, ♂

Familie Trägspinner Lymantriidae (S. 66)
Die mittelgroßen Falter haben gefiederte Fühler (nur Männchen), keinen Saugrüssel und Gehörorgane am Hinterleib. Ihre lang und bunt behaarten Raupen verpuppen sich in einem von ihnen gesponnenen Kokon (»Spinner«). Gut zwei Dutzend Arten in Mitteleuropa.

Brauner Bär

Familie Bärenspinner Arctiidae (S. 68–70)
Die meist sehr bunten Falter sehr unterschiedlicher Größe haben meist gefiederte Fühler und zeigen durch ihre auffallende Färbung ihre Ungenießbarkeit an (Warnfarben!). Ihre Gehörorgane sitzen auf der Brust. Die meist lang behaarten Raupen (Name!) verpuppen sich in einem Kokon. Bei uns rund 60 Arten.

Großer Gabelschwanz

Familie Zahnspinner Notodontidae (S. 72)
Im Körperbau der vorhergehenden Familie sehr ähnlich, aber nie bunt gefärbt, mit meist rückgebildetem Rüssel. Ihre Raupen sind sehr unterschiedlich gebaute, oft bizarre Wesen, nackt und mit vielerlei Vorsprüngen oder behaart (vgl. Grafik S. 72). Sie verpuppen sich in einem Kokon. In Mitteleuropa drei Dutzend Arten.

Widderchen

Familie Widderchen Zygaenidae (S. 74)
Kleine Falter mit schmalen Flügeln, die entweder rote Flecken oder Streifen auf dunklem Grund tragen oder glänzend grün gefärbt sind. Ihre Fühler tragen eine Keule am Ende oder sind gefiedert. Die asselförmigen Raupen verpuppen sich in einem spindelförmigen Kokon (vgl. Grafik S. 74). Es gibt über 30 Arten, die meist am Tage fliegen.

Mittlerer Weinschwärmer

Familie Schwärmer Sphingidae (S.76–82)
Durch ihre Körperform leicht zu erkennen: Ihre Vorderflügel sind schmal und doppelt so lang als die kleinen Hinterflügel; ihr kräftiger Körper ist spindelförmig, die starken Fühler einfach. Ihre nackten Raupen tragen am Hinterleibsende ein Horn (vgl. Foto S.12) und sie verpuppen sich in einer Erdhöhle. Bemerkenswert ist der lange Rüssel der meisten Arten, mit dem sie im Flug an Blüten saugen. Einige fliegen bei Tage. Rund zwei Dutzend Arten in Mitteleuropa, darunter auch mehrere Wanderfalter.

Kleines Nachtpfauenauge, ♂

Familie Augenspinner Saturniidae (S.84–86)
Große Arten mit breiten Flügeln, die je einen runden Augenfleck tragen. Ihre Fühler sind doppelt gefiedert, der Rüssel verkümmert. Die großen Raupen tragen oft Warzen und einzelne Borsten und verpuppen sich in kräftigen Kokons. 6 Arten in Mitteleuropa.

Roseneule

Familie Wollrückenspinner Thyatiridae (S.86)
Kleinere Arten, die an Eulenfalter erinnern, sich von diesen aber durch fehlende Gehörorgane unterscheiden. Ihre nackten Raupen verpuppen sich in einem Kokon. 9 Arten in Mitteleuropa.

Eichenspinner, ♂

Familie Glucken Lasiocampidae (S.88–90)
Die mittelgroßen bis großen Tiere sind durch die Anordnung der Flügeladern gekennzeichnet, sie haben keinen Rüssel und ihre Fühler sind gefiedert. Ihre dicht behaarten Raupen verpuppen sich in kräftigen Kokons, die oft mit Körperhaaren vermengt sind. In Mitteleuropa gibt es 20 Arten.

Weißer Sichelflügel, ♂

Familie Sichelflügler Drepanidae (S.90)
Kleine, zierlich gebaute Falter mit breiten Flügeln, deren Spitze vorn sichelförmig ausgezogen ist. Sie ruhen am Tage gerne mit ausgebreiteten Flügeln auf der Fläche von Blättern. Ihre Raupen haben weniger Beinpaare als sonst (vgl. Grafik S.90) und verpuppen sich in Kokons. 7 Arten in Mitteleuropa.

Hopfenwurzelbohrer, ♀

Familie Wurzelbohrer Hepialidae (S.92)
Die sehr ursprünglich gebauten Falter haben schmale, fast gleichgebaute Vorder- und Hinterflügel, die durch Lappen an der Basis verbunden sind, und nicht durch Borsten wie bei den meisten anderen Nachtfaltern. Die einfachen Fühler sind sehr kurz und der Rüssel verkümmert. Ihre Raupen leben im Boden und bohren in Pflanzenteilen. Rund 10 Arten in Mitteleuropa.

Weidenbohrer

Familie Holzbohrer Cossidae (S.92)
Große Falter von sehr ursprünglichem Körperbau, mit gefiederten Fühlern und verkümmertem Saugrüssel. Die Raupen bohren im Innern von Pflanzen, auch in Baumstämmen, und verpuppen sich dort in Kokons aus Spänen. 5 Arten in Mitteleuropa.

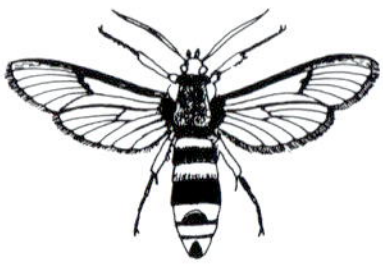
Hornissenschwärmer

Familie Glasflügler Sesiidae (S.94)
Kleine Falter mit schmalen, glasig-durchsichtigen Flügeln, die deshalb wie Wespen aussehen. Die Raupen bohren im Innern von Pflanzen, die Falter fliegen hauptsächlich am Tage bei Sonnenschein. Rund 60 Arten in Mitteleuropa.

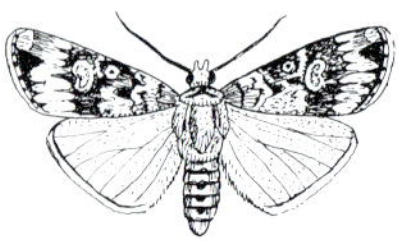
Ypsiloneule

Familie Eulenfalter Noctuidae (S.94–104)
Kleine, selten sehr große, meist düster gefärbte Nachtfalter, die ein charakteristisches Flecken- und Bindenmuster aufweisen (Grafik). Ihre Fühler weisen alle möglichen Formen auf. Die meisten fliegen nachts und besuchen gerne Blüten. Ihre Gehörorgane sitzen an der Brust. Die Raupen sind ebenfalls sehr unterschiedlich, nackt oder behaart, sie verpuppen sich in Erdhöhlen oder Gespinsten. Ungefähr 650 Arten bei uns.

Grüner Nesselspanner

Familie Spanner Geometridae (S.106–116)
Kleine bis mittelgroße Falter mit schmächtigem Körper und breiten Flügeln, die in Ruhe flach ausgebreitet werden. Gehörorgane am Hinterleib. Ihre Raupen haben zwei Beinpaare weniger als gewöhnliche Raupen, was zu einem eigenartigen Laufen führt, das als »Spannen« bekannt ist (vgl. Grafik S. 110). Rund 550 Arten.

- **Familiengruppe Kleinschmetterlinge**
  Diese Gruppe setzt sich aus zahlreichen, meist nicht näher verwandten Familien zusammen, deren einziges gemeinsames Merkmal die geringe Größe ist. Daneben sind sie schmalflügelig, haben aber ganz unterschiedliche Mundwerkzeuge, Fühler und Flügelgeäder sowie Entwicklungsstadien. Aus dieser großen Fülle können nur einige typische und wichtige Familien dargestellt werden.

Seerosenzünsler

Familie Zünsler Pyralidae (S.118)
Kleine, aber oft bunte Falter, die gerne ans Licht gehen (»Zünsler«). Sie haben Gehörorgane am Hinterleib und zwei Palpenpaare. Ihre Lebensweise ist sehr verschieden, einige leben sogar im Wasser. Mehr als 300 Arten in Mitteleuropa.

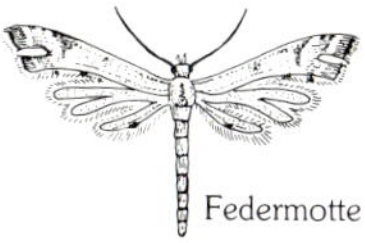
Federmotte

Familie Federmotten Pterophoridae (S. 120)
Diese Schmetterlinge sind durch ihre zerspaltenen Flügel leicht zu erkennen (Grafik). Es gibt rund 50 einheimische Arten.

Geistchen

Familie Geistchen Orneodidae (S. 120)
Die Flügel dieser Falter sind vielfach zerspalten, viel mehr als bei der vorhergehenden Familie, und deshalb leicht zu erkennen. Es gibt 6 Arten bei uns.

Wickler

Familie Wickler Tortricidae (S. 122)
Die etwas rechteckigen Flügel der kleinen Tiere werden in Ruhe dachförmig über dem Rücken zusammengelegt. Die Falter sind hauptsächlich nachts aktiv. Ihre Raupen leben entweder zwischen zusammengesponnenen (»gewickelten«) Blättern oder bohren in Pflanzenteilen. Es gibt rund 500 Arten in Mitteleuropa.

Palpenmotte

Familie Ethmien Ethmiidae (S. 122)
Wie die Vertreter der folgenden Familie weiß, aber mit starken schwarzen Zeichnungen auf den Vorderflügeln. Ihre sehr bunten Raupen leben zwischen versponnenen Blättern von Rauhblattgewächsen. 12 Arten.

Familie Gespinstmotten Yponomeutidae (S. 122)
Die kleinen, schmalflügeligen Falter haben weiße Vorderflügel mit zahlreichen feinen schwarzen Punkten, doppelte Palpen, von denen ein Paar sichelförmig über den Kopf gebogen ist. Die Raupen leben in sehr großen, auffallenden Gespinsten, in denen sie sich auch verpuppen. Rund 30 Arten in Mitteleuropa.

Langhornmotte

Familie Langhornmotten Adelidae (S. 124)
Die kleinen Tiere haben metallisch glänzende Flügel und sind besonders durch sehr lange, einfache Fühler ausgezeichnet. Sie sind oft am Tage aktiv. Die jungen Raupen minieren zunächst, später bauen sie aus Blattstücken flache Gehäuse, mit denen sie herumlaufen und sich darin auch verpuppen. Rund 30 Arten.

Urmotte

Raupe der Urmotte

Familie Urmotten Micropterygidae (S. 124)
Die sehr kleinen, metallisch glänzenden Tiere sind vor allem durch ihre kauenden Mundwerkzeuge gekennzeichnet, mit denen sie Pollenstaub fressen. Daneben haben sie mehr Flügeladern als die anderen Schmetterlinge, ihre Flügel sind durch Lappen verbunden. Die Raupen haben Fühler und mehr Beinpaare (Grafik). Es handelt sich um die primitivste Familie der Schmetterlinge, die bei uns mit einem Dutzend Arten vertreten ist.

Segelfalter
Iphiclides podalirius

Ritterfalter, Papilionidae. **Merkmale:** Breitflügeliger, großer Falter mit hellgelber Flügelgrundfarbe und schwarzen Querbinden. An den Hinterflügeln lange, schwanzartige Fortsätze, am Innenrand ein mondförmiger Augenfleck, der blau, schwarz und orange gefärbt ist, am Außenrand eine Reihe von blauen, schwarz gesäumten Halbmondflecken. Spannweite rund 80 mm. **Vorkommen:** In Mitteleuropa lokal und nicht häufig in Gebieten mit Weinbauklima; in den letzten Jahrzehnten stark zurückgegangen. Die Art fliegt im Mai in 1 Generation, im Süden treten 2 Generationen im Frühjahr und Sommer auf. **Nahrung:** Die Falter saugen gerne an Blüten; die Raupen fressen an Schlehen, Aprikosen und verwandten Bäumen. **Entwicklung, Lebensweise:** Die Falter fliegen gerne um Hügelkuppen, wo sie die Aufwinde zum Segeln benützen und auf weibliche Tiere warten. Die Eier werden auf die Nahrungspflanze gelegt, wo sich die Raupen in wenigen Monaten entwickeln. Die Gürtelpuppe überwintert, meist an der Nahrungspflanze befestigt, und ist braun gefärbt. Entsteht jedoch eine 2. Generation noch im gleichen Jahr, so ist sie grün gefärbt.
Geschützt; stark gefährdet.

Schwalbenschwanz
Papilio machaon

Raupe

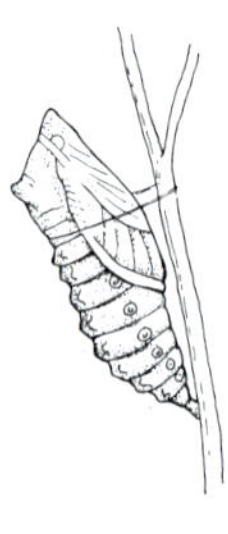

Gürtelpuppe

Ritterfalter, Papilionidae. **Merkmale:** Sehr ähnlich der vorhergehenden Art, mit hellgelber Grundfarbe und schwarzer, mehr netzartiger Zeichnung. Der Schwanzfortsatz am Hinterflügel ist kürzer, die blaubestäubte Binde am Rand des Hinterflügels stark ausgeprägt, am Innenwinkel ein Augenfleck mit rotbraunem Kern. Spannweite 60–80 mm. **Vorkommen:** Weit verbreitet in offenem Gelände und in Gärten; in den letzten Jahren seltener geworden. In 2 Generationen im Frühjahr und Sommer, gelegentlich auch 3 Generationen. **Nahrung:** Die Falter saugen gerne an Blüten. Die Raupen findet man an doldenblütigen Pflanzen; in Gärten zum Beispiel an Dill, Kümmel und Fenchel. **Entwicklung, Lebensweise:** Die grüne, kahle Raupe trägt Querreihen schwarzer und orangener Flecken (Grafik), die überwinternde braune Gürtelpuppe (Grafik) entläßt im Frühjahr den Falter, der weit herumstreicht, gerne Blüten besucht und im männlichen Geschlecht sich zu bestimmten Tageszeiten um Hügelkuppen versammelt, wo die weiblichen Partner erwartet werden. Diese Art der Partnersuche ist auch bei vielen der tropischen Arten dieser Familie zu finden.
Geschützt; gefährdet.

Apollofalter

Parnassius apollo

(Foto: Männchen)

Raupe

Ritterfalter, Papilionidae. **Merkmale:** Ein großer Tagfalter mit weißlicher Grundfarbe, die Flügel können auch mehr oder weniger schwärzlich überstäubt sein und etwas hyalin wirken. Darauf stehen schwarze Flekken und auf den Hinterflügeln große, rotgekernte und schwarz umzogene Augenflecken. Der Außenrand der Flügel ist gerundet und hat keine Schwanzfortsätze. Spannweite 60–90 mm. **Vorkommen:** Lokal im Hügelland, wo die Nahrungspflanze vorkommt; in den letzten Jahrzehnten stark zurückgegangen, auch teilweise ausgerottet. In einer langen Flugzeit von Juni bis September in 1 Generation. **Nahrung:** Die Falter besuchen gerne Blüten, besonders Disteln und Flockenblumen. Die Raupe ernährt sich von Weißem Mauerpfeffer *(Sedum album)*, im Norden von Fetthenne *(Sedum telephium)*. **Entwicklung, Lebensweise:** Die Falter findet man hauptsächlich im Bereich der Nahrungspflanze, wo die Männchen auf Suchflügen nach den weiblichen Partnern die Hänge abstreichen. Die Raupe überwintert meist noch in der Eihülle und frißt nur bei Sonnenschein. Sie ist schwarz, fein behaart und trägt ziegelrote Flecken (Grafik). Die blau bereifte Puppe liegt in einem lockeren Gespinst am Boden.
Geschützt; vom Aussterben bedroht.

Osterluzeifalter

Zerynthia polyxena

Verbreitungsgebiet

Ritterfalter, Papilionidae. **Merkmale:** Ein kleinerer, sehr bunter Falter, dessen hellgelbe Grundfarbe von schwarzen, roten und blauen Zeichnungen überdeckt ist und keine Verwechslung zuläßt. Diese bunte Färbung wird als Warnfarbe aufgefaßt, da der Falter durch die Nahrung der Raupe Giftstoffe enthält und somit für Insektenfresser ungenießbar ist. Spannweite 50–60 mm. **Vorkommen:** In Weinbaugebieten südlich der Alpen lokal (vgl. Grafik), aber stellenweise nicht selten. In 1 Generation im Sommer. **Nahrung:** Die Falter besuchen Blüten, die Raupen findet man an Osterluzei *(Aristolochia)*. 8 Arten. **Entwicklung, Lebensweise:** Die Raupe lebt im Spätsommer an der Osterluzei. Diese enthält Giftstoffe, die von der Raupe aufgenommen werden. Sie gelangen schließlich in den Falter, der dadurch für Insektenfresser, besonders Vögel, ungenießbar wird. Seine bunte Zeichnung, die als Warntracht bezeichnet wird, ist ein optisches Signal für die Vögel, da diese nach meist einmaligem Freßversuch lernen, diese Farben als Warnung zu betrachten und die Tiere in Zukunft zu meiden.
Geschützt; bedrohte Art unter Einfuhrverbot.

Rapsweißling
Artogeia napi

(Foto oben links: Weibchen)

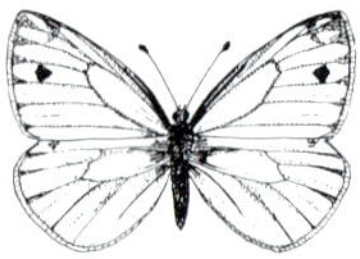

Männchen

Weißlinge, Pieridae. **Merkmale:** Ein kleinerer weißer Falter mit schwarzen Zeichnungen; die Weibchen mit je 2 schwarzen Flecken auf den Vorderflügeln, die Männchen mit einem oder keinem (Grafik). Die Adern auf der Unterseite der Hinterflügel sind immer dunkel grünlich bestäubt. Spannweite 40–50 mm. **Vorkommen:** Weit verbreitet und oft häufig, in 3 Generationen. **Nahrung:** Die Falter besuchen Blüten, die Raupen leben an kreuzblütigen Pflanzen, besonders an wildwachsenden. **Entwicklung, Lebensweise:** Die Falter neigen zu lokalen Wanderungen. Die Raupe lebt meist einzeln an den Nahrungspflanzen, die Puppe überwintert.
Ähnlich ist der **Kleine Kohlweißling** *(Artogeia rapae)*, dem jedoch die dunklen Adern der Unterseite der Hinterflügel fehlen. Er ist nicht so häufig.

Baumweißling
Aporia crataegi

(Foto oben rechts)

Weißlinge, Pieridae. **Merkmale:** Mittelgroßer, weißer Falter, dessen einzige Zeichnungen in den dunkel bestäubten Adern bestehen. Die Flügel sind gerundet. Spannweite 60–70 mm. **Vorkommen:** Dieser früher häufige und oft schädliche Falter ist heute selten geworden und kommt nur noch lokal und vereinzelt vor, zum Beispiel im Alpenvorland. 1 Generation im Sommer. **Nahrung:** Die Falter besuchen Blüten, die Raupen leben an Weißdorn und *Prunus*-Arten. **Entwicklung, Lebensweise:** Die Raupen überwintern in kleinen Gruppen zwischen zusammengesponnenen Blättern an der Nahrungspflanze, an der dann auch die Puppe befestigt wird.
Potentiell gefährdet.

Großer Kohlweißling
Pieris brassicae

(Foto unten: Weibchen)

Männchen

Raupe

Weißlinge, Pieridae. **Merkmale:** Ein ziemlich großer Falter von weißer Grundfarbe, mit schwarzen Flügelspitzen (Männchen s. Grafik). Die Weibchen haben außerdem je 2 schwarze Flecken auf den Vorderflügeln. Spannweite 60–70 mm. **Vorkommen:** Weit verbreitet und meist häufig in offenem Gelände, mit 2 bis 3 Generationen im Lauf des Sommers. **Nahrung:** Die Falter besuchen Blüten, die grünen, fein behaarten Raupen (Grafik) mit gelben Längsstreifen und schwarzen Punkten leben besonders an kultivierten Kreuzblütlern (Kohl und dergleichen) und können schädlich werden. **Entwicklung, Lebensweise:** Die Puppe überwintert, oft an Hausmauern festgesponnen. Sie wird viel von Parasiten befallen, deren kleine gelbe Puppenkokons als »Raupeneier« bezeichnet werden. Die Falter neigen zu Wanderzügen.

Zitronenfalter

Gonepteryx rhamni

(Foto oben links: Weibchen, Foto oben rechts: Männchen)

Weißlinge, Pieridae. **Merkmale:** Der recht große Falter weist Spitzen an beiden Flügelpaaren auf. Die Flügel sind beim Männchen leuchtend zitronengelb (Foto rechts), beim Weibchen hell gelblichweiß gefärbt (Foto links) und tragen jeweils einen orangenen Mittelpunkt. Spannweite 50–60 mm. **Vorkommen:** Weit verbreitet in Wald und Waldnähe, aber auch im Busch- und Parkland. Die Falter fliegen in 1 Generation. **Nahrung:** Die Falter besuchen Blüten, die Raupen leben an Faulbaum und Kreuzdorn. **Entwicklung, Lebensweise:** Im Juli schlüpfen die Falter und fliegen einige Wochen. Dann verfallen sie in Sommerruhe. Nach einer zweiten Flugzeit fallen die Falter in Winterschlaf, wobei sie ganz frei an einem Zweig hängen. Früh im Jahr erscheinen die Tiere in einer dritten Flugperiode zur Eiablage.

Ribbes Heufalter

Colias alfacariensis

(Foto unten links: Männchen)

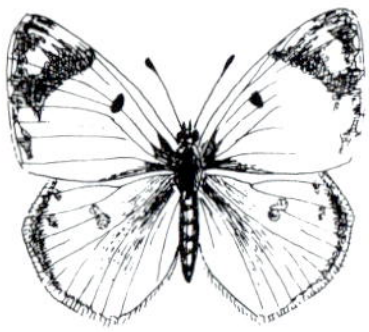

Weißlinge, Pieridae. **Merkmale:** Mittelgroßer Falter mit zitronengelber (Männchen) oder gelbweißer (Weibchen) Grundfarbe, dunklen Flügelspitzen (s. Grafik), einem schwarzen Fleck auf den Vorderflügeln und einem orange Fleck auf den Hinterflügeln. Auf der Unterseite der Hinterflügel befindet sich eine 8-förmige Zeichnung. Spannweite 45–55 mm. **Vorkommen:** In mehreren Generationen, besonders auf trockenen Böden. **Nahrung:** Die Falter besuchen Blüten, die Raupen leben an Hufeisenklee. **Entwicklung, Lebensdauer:** Die Art überwintert als Raupe. Die Falter sind recht streng an das Vorkommen der Futterpflanze gebunden.

Äußerst ähnlich ist der **Gewöhnliche Heufalter** *(Colias hyale)*, ein Wanderfalter.

Alle *Colias*-Arten sind geschützt; *Colias alfacariensis* ist gefährdet.

Aurorafalter

Anthocharis cardamines

(Foto unten rechts: Männchen)

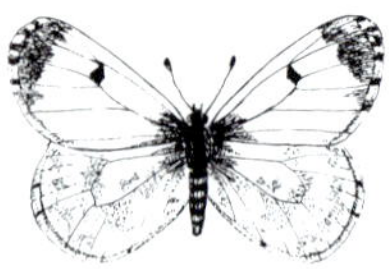

Weibchen

Weißlinge, Pieridae. **Merkmale:** Ein mittelgroßer Falter mit weißen Flügeln, schwarzen Flügelspitzen (Weibchen s. Grafik) und beim Männchen (Foto) orangeroter Färbung in der äußeren Hälfte des Vorderflügels. Die Unterseite der Hinterflügel ist grünlich marmoriert. Spannweite 40–50 mm. **Vorkommen:** Im Frühjahr sieht man diesen auffallenden Falter oft an Waldrändern und in lichten Laubwäldern in weiter Verbreitung. **Nahrung:** Die Falter besuchen Blüten; die Raupen leben an Wiesenschaumkraut, Kresse und anderen kreuzblütigen Pflanzen, am Rande und im Innern der Wälder. **Entwicklung, Lebensweise:** Die Puppen überwintern und sind gut getarnt, da sie Pflanzenteilen gleichen. Geschützt.

Großer Mohrenfalter

Erebia ligea

(Foto oben)

Augenfalter, Satyridae. **Merkmale:** Ein mittelgroßer, dunkelbrauner Falter mit rotbraunen Binden, in denen kleine, weißgekernte Augenflecken stehen. Die Fransen der Flügel sind hell-dunkel gescheckt. Die Unterseite der Hinterflügel ist durch einen silbrigweißen Fleck am Vorderrand gekennzeichnet, der den Anfang einer welligen Querbinde markiert. Die Adern der Vorderflügel sind an der Basis blasig aufgetrieben, ein Merkmal dieser Familie. Spannweite 40–50 mm. **Vorkommen:** In Waldgebieten an Rändern und auf Wiesen nicht selten, in 1 Generation im Sommer. **Nahrung:** Die Falter besuchen gerne Blüten, die Raupen leben an Gräsern. **Entwicklung, Lebensweise:** Die Raupe überwintert, die Puppe liegt am Boden. **Bemerkung:** Es gibt eine recht große Zahl von Mohrenfalterarten, die sich alle sehr ähnlich sind, und die überwiegend in Gebirgen, vor allem in den Alpen, vorkommen. Einige Arten findet man noch in Höhen über 3000 m. Im Flachland kommen nur 3 Arten vor, zu denen die beschriebene gehört.

Alle Mohrenfalterarten sind geschützt.

Schachbrett

Melanargia galathea

(Foto unten links und rechts)

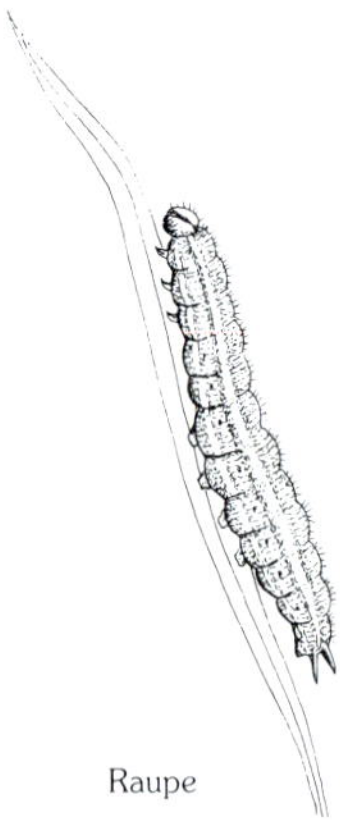

Raupe

Augenfalter, Satyridae. **Merkmale:** Ein mittelgroßer Falter mit einer recht charakteristischen, schwarzweißen Schachbrettzeichnung. Die Unterseite ist schwächer gezeichnet, mit einigen ringförmigen Flecken am Hinterflügel (s. Foto links). Spannweite 40–50 mm. **Vorkommen:** Weitverbreitet auf Grasland und Heiden, nach Süden häufiger, mit 1 Generation im Sommer. **Nahrung:** Die Falter besuchen gerne Blüten, besonders Disteln und Skabiosen, die Raupe lebt an Gräsern und ist tagsüber verborgen. **Entwicklung, Lebensweise:** Die Eier werden in Bodennähe abgelegt und die Raupe überwintert. Sie trägt am Körperende 2 Spitzen und Längsstreifen, die ihrer Tarnung dienen (vgl. Grafik). Sie verwandelt sich am oder im Boden zu einer Stürzpuppe, eine Lebensweise, die fast allen Augenfaltern zu eigen ist. Die Falter sind recht träge, wenn sie über blütenreiche Wiesen fliegen, und lassen sich gerne zur Nahrungsaufnahme nieder. Die Art gehört heute zu unseren häufigsten Wiesenschmetterlingen, die im Juli erscheinen. Die Falter werden oft von roten Milbenlarven befallen, die sie als Transportvehikel benützen (vgl. das Foto oben vom Großen Mohrenfalter).

Geschützt.

Weißer Waldportier
Brintesia circe

(Foto oben links)

Augenfalter, Satyridae. **Merkmale:** Ein großer, dunkelbrauner Falter mit weißen Flügelbinden (s. Grafik). Die Unterseite ist stärker marmoriert und gibt dem Tier eine Tarnfarbe. Spannweite 70–80 mm. **Vorkommen:** Die Art ist auf trockenen Böden und in Wäldern verbreitet, bei uns nordwärts bis zu den Mittelgebirgen, südlich der Alpen wesentlich häufiger. Man findet sie von Juli bis September. **Nahrung:** Die Falter besuchen Blüten, finden sich aber auch an Obst, die Raupen leben an Gräsern. **Entwicklung, Lebensweise:** Die Raupen überwintern und sind am Tage im Boden versteckt, wo auch die Puppe liegt. Die Falter sind scheu und flüchten leicht, wobei sie sich nach kurzem Flug mit zusammengeklappten Flügeln niederlassen und dann durch ihre Tarnfarbe »unsichtbar« werden.
Geschützt; stark gefährdet.

Großer Waldportier
Hipparchia fagi

(Foto oben rechts)

Augenfalter, Satyridae. **Merkmale:** Dieser Falter ist dem vorhergehenden sehr ähnlich, unterscheidet sich aber durch die bräunlich getönten hellen Flügelbinden, die beim Weibchen größer und heller sind. Die Unterseite ist ähnlich tarnfarben, aber vor allem am Vorderflügel mehr bräunlich. Spannweite 70–80 mm. **Vorkommen:** Die Art ist nördlich der Alpen nur sehr lokal und selten, südlich dagegen recht häufig und weit verbreitet, mit 1 Generation im Hochsommer. **Nahrung:** Die Falter besuchen Blüten, die Raupe lebt an Gräsern. **Entwicklung, Lebensweise:** Wer im August in Südtirol durch die Weinberge geht, stößt mit Sicherheit auf dieses Tier, das in raschem Flug flüchtet, sich plötzlich setzt und dann verschwunden ist.
Geschützt; stark gefährdet.

Blauäugiger Waldportier
Minois dryas

(Foto unten)

Augenfalter, Satyridae. **Merkmale:** Ein ziemlich großer, dunkelbrauner Falter mit großen, schwarzgeringten, blaugekernten Augenflecken auf den Vorderflügeln, die auch auf der Unterseite sichtbar sind. Diese ist etwas heller marmoriert. Spannweite 40–60 mm. **Vorkommen:** Die Art ist nördlich der Alpen nur lokal, südlich aber weit verbreitet und häufig. Sie erscheint in 1 Generation im Sommer auf trockenen Böden, im Norden aber auch auf Flachmooren. **Nahrung:** Die Falter besuchen Blüten, die Raupe lebt an Gräsern. **Entwicklung, Lebensweise:** Vom ökologischen Standpunkt betrachtet ist die Art interessant, da sie sowohl auf trockenen als auch auf feuchten Böden vorkommt.
Geschützt; stark gefährdet.

Mauerfuchs

Lasiommata megera

(Foto: Weibchen)

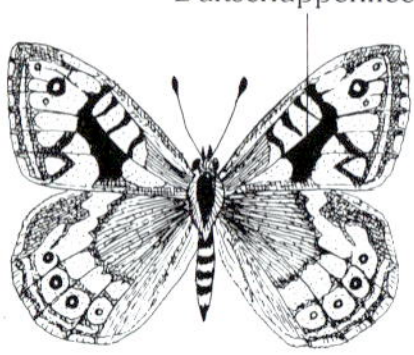

Männchen, Vorderflügel mit Duftschuppenfleck

Augenfalter, Satyridae. **Merkmale:** Ein mittelgroßer Falter mit charakteristischer dunkelbrauner Netzzeichnung auf ockerbraunem Grund. Die Männchen tragen einen dunklen Duftschuppenfleck am Vorderflügel (s. Grafik), der den Weibchen fehlt. Die Unterseite ist vor allem auf den Hinterflügeln mit einer komplizierten, marmorierten Zeichnung versehen, die eine ausgezeichnete Tarnung abgibt. Am Vorderflügel ein größeres Auge, auf den Hinterflügeln mehrere. **Vorkommen:** Die Art kommt auf sonnigen, steinigen Plätzen vor und fliegt je nach Klima in 2–3 Generationen von März bis September. Sie ist lokal nicht selten. **Nahrung:** Die Falter besuchen Blüten, aber auch Exkremente, wie eine Reihe von Tagfaltern, die Raupe lebt an Gräsern. **Entwicklung, Lebensweise:** Die Raupe überwintert, und die Puppe liegt wie bei fast allen Augenfaltern auf dem Boden. Die Falter treiben sich gerne auf Felswänden und an Mauern herum, was ihnen ihren Namen eingetragen hat, und verstecken sich bei Gefahr durch Zusammenklappen der Flügel. Die Unterseite ist tarnfarben, so daß der Beobachter getäuscht wird. Außerdem versuchen die Falter sich immer so zu setzen, daß nur die Schmalseite dem Beschauer zugewendet wird.
Geschützt.

Waldbrettspiel

Pararge aegeria

Augenfalter, Satyridae. **Merkmale:** Ein mittelgroßer Falter mit dunkelbrauner Grundfarbe, die von regelmäßigen gelblichen Flecken schachbrettartig unterbrochen wird. Auf den Hinterflügeln außerdem eine Reihe von Augenflecken. Die Unterseite ist ähnlich, aber heller gefärbt. Spannweite 40–50 mm. **Vorkommen:** In lichten Wäldern weit verbreitet, nach Süden zu häufiger, in 2 oder 3 Generationen von April bis September. **Nahrung:** Die Raupe lebt an Gräsern, die Falter besuchen Blüten, aber auch Exkremente und andere Körperausscheidungen. **Entwicklung, Lebensweise:** Die Entwicklung erfolgt wie bei anderen Augenfaltern nach einer Überwinterung der Raupe. Die Falter sind ausgesprochene Waldtiere, die sich zwar gerne sonnen, aber gleichwohl im tiefen Waldschatten herumfliegen. Ihre gelb-dunkle Färbung imitiert sehr gut das Licht- und Schattenspiel im Wald und verhilft zu einer ausgezeichneten Tarnung, wenn sich die Falter bewegungslos am Boden niederlassen. Falter, die wie diese schlechte Flieger sind, sind so am besten geschützt.

Perlgrasfalter

Coenonympha arcania

(Foto oben links)

Augenfalter, Satyridae. **Merkmale:** Grundfarbe des kleinen Falters ockerbräunlich mit dunkleren Flügelrändern (s. Grafik). Die Unterseite der Hinterflügel ist charakteristisch durch eine weiße Binde und mehrere mehrfach geringte Augenflecken nahe dem Flügelrand, der von einer silbrig glänzenden Linie begrenzt wird. Spannweite 30–40 mm. **Vorkommen:** In Waldgebieten bis Südschweden verbreitet und im Sommer in 1 Generation. Nicht selten. **Nahrung:** Die Falter besuchen gerne Blüten, besonders Himbeeren, die Raupen leben an Gräsern. **Entwicklung, Lebensweise:** Als ausgesprochenes Waldtier ist diese Art nur in dessen Nähe zu finden, wo sie sich vor allem auf Lichtungen aufhält. Die Falter setzen sich gerne ein Stück über dem Boden auf Blätter von Sträuchern und Bäumen. Geschützt.

Brauner Waldvogel

Aphantopus hyperantus

(Foto oben rechts)

Augenfalter, Satyridae. **Merkmale:** Ein kleinerer, dunkelbrauner Falter mit nur geringen Augenfleckenzeichnungen auf der Oberseite (s. Grafik), dagegen deutlichen, gelbgeringten Augenflecken auf der helleren Unterseite. Spannweite 40–50 mm. **Vorkommen:** Dieser Falter ist auf frischem Grasland in offenem Gelände und im Wald weit verbreitet und eine unserer häufigeren Schmetterlingsarten. Er fliegt in 1 Generation im Sommer. **Nahrung:** Die Falter besuchen Blüten, die Raupen leben an Gräsern. **Entwicklung, Lebensweise:** Die Art unterscheidet sich nicht wesentlich von anderen Augenfalterarten.

Ochsenauge

Maniola jurtina

(Foto unten)

Weibchen

Augenfalter, Satyridae. **Merkmale:** Ein dunkelbrauner Falter mit je einem kleinen Augenfleck auf den Vorderflügeln (s. Grafik), der unterseits auf hellerem Grund deutlicher ist. Die weiblichen Tiere sind auf der Oberseite durch ockerfarbene Bestäubung heller. Spannweite 50–60 mm. **Vorkommen:** Überwiegend eine weit verbreitete Wiesenart, die zu unseren häufigeren Tagfaltern gehört. In 1, gelegentlich in 2 Generationen. **Nahrung:** Die Falter besuchen gerne Blüten, die Raupen leben an Gräsern. **Entwicklung, Lebensweise:** Sie entspricht der anderer Augenfalter. Hervorzuheben ist hier die Vorliebe für salzige Ausscheidungen. So besuchen die Falter gerne die schweißfeuchte menschliche Haut.

Großer Schillerfalter

Apatura iris

(Foto: Männchen)

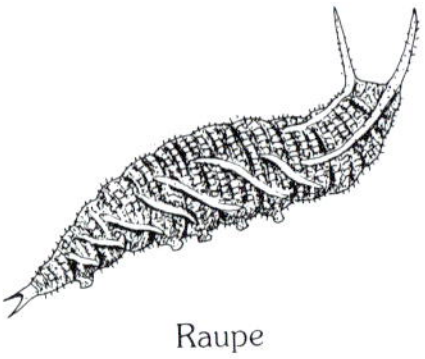

Raupe

Edelfalter, Nymphalidae. **Merkmale:** Ein großer Falter mit zugespitzten Vorderflügeln, von dunkelbrauner Grundfarbe, mit weißen Binden und Flecken und einem beim männlichen Tier prachtvollen blauen Schiller bei bestimmtem Lichteinfall. Die weißen Zeichnungen des Weibchens sind größer, eine Schillerfarbe gibt es aber nicht. Spannweite 65–80 mm. **Vorkommen:** Die Art ist vorwiegend an Wälder gebunden, besonders an Auwälder, und ist vor allem in Mitteleuropa verbreitet, aber meist recht selten. Die Art fliegt in Juli und August in 1 Generation. **Nahrung:** Die Falter saugen gerne an feuchten Wegstellen und Exkrementen und können mit stark riechendem Käse geködert werden. Auch ausfließender Baumsaft wird angeflogen, Blüten dagegen nicht. Die Raupe (Grafik), die am Kopf 2 Hörner trägt, sonst aber glatt ist, lebt an Weiden und Pappeln. **Entwicklung, Lebensweise:** Die ganz kleine Raupe überwintert in einem eingerollten Blatt an der Nahrungspflanze. Die Puppe findet man an Blättern angeheftet. Die Falter sind sehr scheu und gute Flieger. Man beobachtet sie selten, da sie sich meist im Kronenbereich der Bäume aufhalten und nur morgens zum Boden herunterkommen.
Geschützt; gefährdet.

Kleiner Schillerfalter

Apatura ilia

(Foto: Männchen)

Edelfalter, Nymphalidae. **Merkmale:** Im ganzen der vorigen Art sehr ähnlich, kaum kleiner, etwas heller braun, auf der Unterseite auch schwächer gezeichnet. Der Schiller des Männchens ist hier mehr blauviolett. Spannweite 65–75 mm. **Vorkommen:** Verbreitung fast wie die vorhergehende Art, in Mitteleuropa aber lokaler und seltener, häufiger dagegen südlich der Alpen. In 1 Generation im Norden, in 2 im Süden, Mai und August. **Nahrung:** Es gibt kaum Unterschiede zur vorhergehenden Art. **Entwicklung, Lebensweise:** Die Entwicklung ist sehr ähnlich, abgesehen von der 2. Generation in südlicheren Gebieten. Die Schillerfarbe, die wohl ein Signal bei der Geschlechterfindung ist, entsteht nicht durch Farbpigmente, sondern auf physikalischem Weg durch Interferenz. An den feinen Lamellen in den Flügelschuppen wird das Licht mehrfach gebrochen und reflektiert, wobei sich bestimmte Lichtfarben verstärken. Bei *A. ilia* werden nur noch die blauen Wellenlängen reflektiert. Tropft man Äther auf die Schuppen, so verschwindet die blaue Farbe, da die Reflexion des Lichts verhindert wird.
Geschützt; gefährdet.

Kleiner Eisvogel

Limenitis camilla

Flügelunterseite

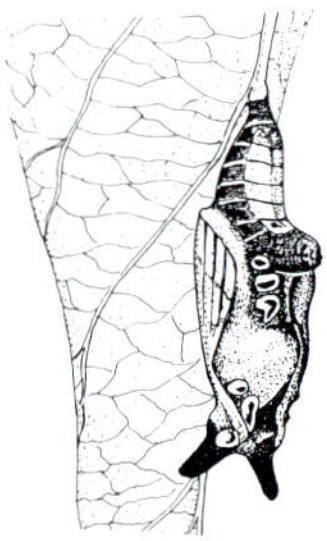

Hängepuppe

Edelfalter, Nymphalidae. **Merkmale:** Ein mittelgroßer Falter mit oberseits dunkelbrauner Grundfarbe und weißen Fleckenbinden. Die Unterseite (Grafik) ist viel bunter, mit gelbbrauner Grundfarbe und weißen, schwarzen und bläulichen Zeichnungen in einem netzartigen Muster. Spannweite 50–60 mm. **Vorkommen:** Diese Art ist in den mitteleuropäischen Wäldern weit verbreitet und kommt bis weit nach Osten hin vor. Bevorzugt werden mildere Gebiete. Die Art erscheint in 1 Generation im Sommer, lokal teilweise in einer 2. im Spätsommer. **Nahrung:** Die Falter suchen ebenso wie die Schillerfalter feuchte Wegstellen, Exkremente und Baumsäfte auf, nie aber Blüten. Die Raupe lebt überwinternd an Geißblatt im tiefen Dunkel des Unterholzes. An besonnten Stellen findet man die Raupe nicht. Die grüne, mit silbernen Flecken bedeckte Puppe (Grafik) hängt an einem Zweig der Futterpflanze. **Entwicklung, Lebensweise:** Als Waldart fliegt der Falter gerne auf schattigen Waldwegen und Lichtungen und findet sich zur Eiablage auch im dichten Dickicht. Gelegentlich sonnen sich die Tiere mit weit ausgebreiteten Flügeln auf den Blättern von Bäumen und Büschen.

Eine sehr ähnliche Art ist der **Blauschwarze Eisvogel** *(Limenitis reducta)*, der auch eine sehr ähnliche Lebensweise besitzt, im Süden aber häufiger ist.

Alle Arten dieser Seite geschützt und stark gefährdet bzw. gefährdet (Kleiner Eisvogel).

Großer Eisvogel

Limenitis populi

(Foto unten: Männchen)

Edelfalter, Nymphalidae. **Merkmale:** Unser größter Tagfalter hat oberseits eine dunkelbraune Grundfarbe mit weißen und orangefarbenen Fleckenreihen vor dem Flügelrand. Beim Weibchen sind die weißen Flekken größer. Die Unterseite ist orangebraun, mit schwarzen Flecken und grauen Feldern sowie den weißen Flecken der Oberseite. Spannweite 70–90 mm. **Vorkommen:** Einzeln und lokal in Wäldern im Juli und August. **Nahrung:** Die Raupe lebt an Zitterpappeln. **Entwicklung, Lebensweise:** Die kleine Raupe überwintert und die Verpuppung erfolgt im Frühsommer an einem Blatt. Die Falter fliegen hauptsächlich um Baumwipfel und sind deshalb schwer zu beobachten. Eine andere Eigenschaft der Waldschmetterlinge ist es, zu bestimmten Tageszeiten auf ganz bestimmten Zweigen oder Blättern zu ruhen und die Umgebung zu kontrollieren. Es handelt sich um Männchen, die von ihrer Warte aus auf vorbeikommende Weibchen warten. Konkurrenten werden angegriffen und vertrieben.

Admiral

Vanessa atalanta

Siedlungsgebiete und
Wanderungen
in Europa und Afrika

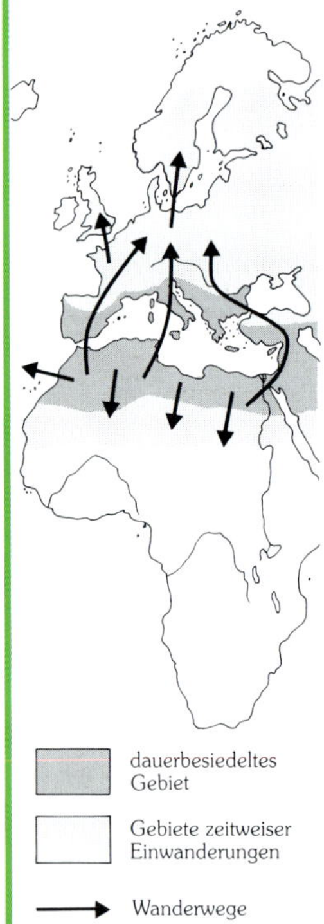

Edelfalter, Nymphalidae. **Merkmale:** Ein großer Falter, der auf dunklem Grund leuchtend rote und weiße Zeichnungen aufweist. Die Vorderflügel sind am Rande geeckt, die Hinterflügel gerundet. Auf der Unterseite findet sich auf den Hinterflügeln ein kompliziertes Muster von Zeichnungen (Foto unten), die dem sitzenden Falter mit zusammengeklappten Flügeln eine ausgezeichnete Tarnung verleihen. Spannweite 50–60 mm. **Vorkommen:** Die Art ist ein Wanderfalter und kommt als solcher weithin, aber sehr unregelmäßig vor. Man findet ihn in offenem Gelände und in Gärten von Mai bis Oktober, häufiger aber im Herbst. **Nahrung:** Die Falter besuchen gerne Blüten, saugen aber auch an abgefallenem Obst und sind im Herbst gerne Gäste in Obstanlagen. Die Raupe lebt meist an Brennesseln. **Entwicklung, Lebensweise:** Wanderfalter sind unstete Gesellen, die meist aus trockenen, warmen Gebieten stammen. Hier entwickeln sie sich in klimatisch günstigen Zeiten in größerer Zahl, etwa in Regenperioden, wenn die Vegetation in vollem Wachstum ist. Mit Eintritt der ungünstigen Trockenzeiten, die sowohl für Raupen als auch Falter Mangelzeiten sind, wandern letztere in günstigere Gebiete ab. Die Richtung der Abwanderung wird meist von der vorherrschenden Windrichtung bestimmt, da der Wind die Wanderung unterstützt. So können unsere Tiere das Mittelmeer von Afrika her überfliegen und kommen weit nach Norden, bei günstigen Wetterlagen bis Skandinavien. Verbreitung und hauptsächliche Wanderwege sind auf der beigefügten Karte zu sehen, die auch die dauernd besiedelten Gebiete aufzeigt (Grafik). Auf ihrem Weg reifen die Falter heran, da sie auch Blütennahrung finden, und legen nun ihre Eier ab, die eine folgende Generation entstehen läßt. Im Herbst versuchen die Tiere, nach Süden zurückzuweichen, vermögen aber die meist schon zu kalten Alpen nicht mehr zu überfliegen und gehen zugrunde. Eine Überwinterung in unseren kalten Breiten ist meist nicht möglich, so daß jedes Jahr eine Neuzuwanderung stattfinden muß, um die Art bei uns zu erhalten.

Es gibt eine Reihe weiterer Wanderfalter bei uns, die aber entweder zahlenmäßig nicht so häufig sind oder unauffälliger, und die deshalb nicht so oft beobachtet werden. Ein noch bedeutenderer Wanderfalter ist die folgende Art, die meist in Gruppen zieht, während der Admiral eher einzeln wandert.

Distelfalter

Cynthia cardui

Siedlungsgebiete und Wanderungen in Europa und Afrika

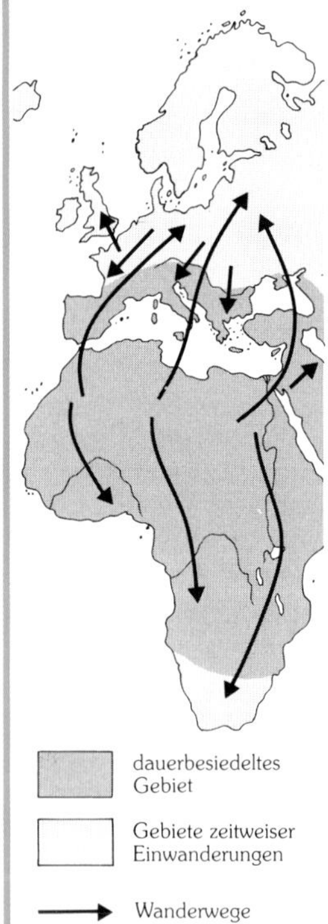

Edelfalter, Nymphalidae. **Merkmale:** Ein großer Falter mit dunkelbraunen, hell rötlichbraunen und weißen Flecken, die dem Falter bei ausgebreiteten Flügeln am Boden eine ausgezeichnete Tarnung verleihen. Die Unterseite ist mit einer ähnlich gefärbten, aber viel komplizierteren Zeichnung versehen. Spannweite 50–60 mm. **Vorkommen:** Der Distelfalter ist wohl einer der bekanntesten Wanderfalter in Europa, kommt je nach Stärke der Einwanderung bis zur Eismeerküste vor und wurde auch schon auf Island gefunden. In anderen Jahren tritt er nördlich der Alpen überhaupt nicht auf. Sein Heimatland ist in den subtropischen Steppengebieten zu suchen, wo er sich in günstigen Jahreszeiten in großer Zahl vermehrt, bei Einsetzen ungünstiger Bedingungen aber abwandert und, von der Windrichtung gesteuert, weite Strecken zurücklegen kann. Die Wanderwege sind aus der beigefügten Karte zu ersehen (Grafik). Er pflanzt sich nun in den neu besiedelten Gebieten fort, die Nachkommen sind aber nicht bodenständig, sondern wandern bei Veränderungen der Umweltbedingungen wieder ab. Durch diese Wanderungen ist der Distelfalter der am weitesten verbreitete Schmetterling der Erde, die er mit Ausnahme von Südamerika ganz besiedelt hat. **Nahrung:** Die Falter besuchen gerne Blüten, aber auch abgefallenes Obst. Die Raupe lebt an Disteln, Brennesseln und vielen anderen Pflanzen, wo man sie in zusammengesponnenen Blättern findet. **Entwicklung, Lebensweise:** Wie schon erwähnt, haben wir es mit einem subtropischen Steppentier zu tun, das unsere kalten Winter nicht überleben kann. Bei uns kommt in der Regel die erste Welle der Einwanderung im Frühsommer mit den ersten Warmluftmassen aus dem Mittelmeergebiet. Die Tiere überfliegen die Alpen und pflanzen sich bei uns fort. Die Nachkommenschaft ist dann manchmal recht häufig und fliegt in dem ihr angemessenen offenen Gelände, auf Feldern, aber auch gerne in Gärten. Mit der Abnahme der Temperaturen im Herbst versuchen die Tiere nach Süden abzuwandern, können aber meistens die Alpen nicht mehr überfliegen und gehen zugrunde. Man findet manchmal große Mengen der Falter tot auf den Gletschern liegen. Der Verlust an Individuen wird aber durch starke Vermehrung wieder wettgemacht, und da die Raupen nicht wählerisch in ihrer Nahrung sind, finden sie fast überall Entwicklungsmöglichkeiten.

Kleiner Fuchs

Aglais urticae

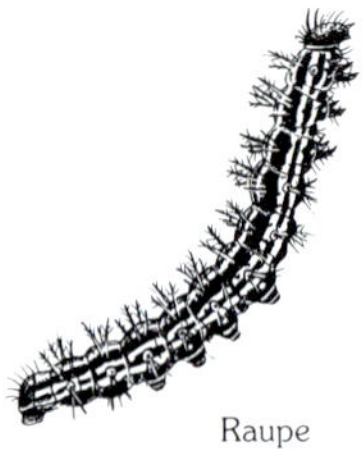

Raupe

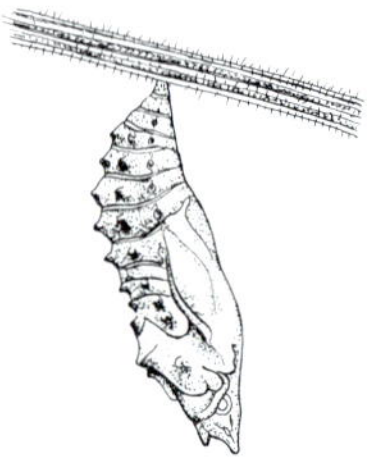

Stürz- oder Hängepuppe

Edelfalter, Nymphalidae. **Merkmale:** Ein mittelgroßer Falter mit geeckten Flügelrändern und rotbrauner Grundfarbe, die mit schwarzen, weißen und gelblichen Flecken überstreut ist. Am Rande der Flügel eine Reihe blauer Flecken. Die Unterseite ist sehr unscheinbar schwarzbraun und tarnfarben. Spannweite 35–50 mm. **Vorkommen:** Einer unserer häufigsten Tagfalter, der überall in offenem Gelände und im Gebirge bis über die Baumgrenze vorkommt. In 2–3 Generationen. **Nahrung:** Die Falter besuchen gern Blüten, aber auch Früchte. Die Raupen (Grafik) leben in großen Gesellschaften an Brennesseln und sind durch ihre schwarzen Dornen, die aber harmlos sind, leicht zu erkennen. **Entwicklung, Lebensweise:** Die Falter dieser Art überwintern und suchen sich dazu einen kühlen, dunklen Platz, im Freien in Mauern oder Mauselöchern, beim Menschen meist im Gebälk des Dachbodens. Hier verharren sie regungslos, bis sie im folgenden Frühjahr durch die Wärme hervorgelockt werden. Das kann schon sehr früh geschehen, und die Zeitungen haben dann ihren »Redaktionsfalter«. Die Stürzpuppe (Grafik) ist je nach Umgebung unterschiedlich gefärbt und grüngold glänzend bis schwärzlich.

Tagpfauenauge

Inachis io

Edelfalter, Nymphalidae. **Merkmale:** Der große, rotbraun gefärbte Falter ist durch vier große Augenflecken auf den Flügeln gekennzeichnet; Flügel am Außenrand gezackt; unterseits schwärzlich gefärbt und ausgezeichnet getarnt. Spannweite 50–60 mm. **Vorkommen:** Überall in offenem Gelände und an Waldrändern, in 2 Generationen fast das ganze Jahr. **Nahrung:** Die Falter besuchen Blüten, die Raupen leben in Gesellschaften an Brennesseln, wie die vorhergehende Art. **Entwicklung, Lebensweise** (vgl. Fotos S.9–11): Die Falter überwintern in gleicher Weise wie der Kleine Fuchs und können schon im zeitigen Frühjahr zum Vorschein kommen. Manchmal geraten die Tiere in eine geheizte Wohnung und man fragt, was mit diesen Tieren geschehen soll. Die einzige Möglichkeit, ihr Leben zu retten ist, sie wieder auf den kühlen Dachboden auszusetzen, wo sie erneut in Kältestarre verfallen. Jeder andere Versuch führt zum Tode der Tiere. Das Tagpfauenauge wird als lokaler Wanderer angesehen, da einzelne markierte Tiere nachweislich viele Kilometer entfernt von ihrem Entstehungsort gefunden wurden.

Trauermantel
Nymphalis antiopa

Edelfalter, Nymphalidae. **Merkmale:** Ein großer Falter mit dunkelbrauner Grundfarbe und breiten gelben Flügelrändern, davor stehen blaue Flecken. Die Flügelränder sind gezackt. Die Flügelunterseite ist unscheinbar schwärzlich. Spannweite 65–75 mm. **Vorkommen:** Eine weitverbreitete Waldart, die aber heute nur noch recht lokal und meist sehr selten vorkommt. Die Falter fliegen im Hochsommer und nach der Überwinterung wieder im Frühjahr. **Nahrung:** Die Falter gehen kaum an Blüten, besuchen aber ausfließenden Baumsaft, Früchte und feuchte Wegstellen. Die Raupen leben gesellig an Weiden und Birken. **Entwicklung, Lebensweise:** Wie bei den nächstverwandten Arten, dem Kleinen Fuchs und dem Tagpfauenauge, übewintert auch hier der Falter in Astlöchern, in Mauern und dergleichen. Im Frühjahr erscheinen dann die Falter mit stark verblaßten gelblichen Flügelrändern, fliegen noch einige Zeit und legen dann ihre Eier ab. Die großen dornigen Raupen sind leicht zu erkennen, sie leben im Waldesinneren bis zur letzten Häutung in Gesellschaften und zerstreuen sich dann, jede einen eigenen Verpuppungsplatz suchend.
Geschützt; gefährdet.

C-Falter
Polygonia c-album

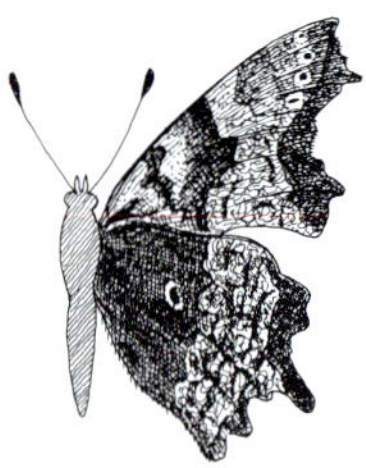

Flügelunterseite

Edelfalter, Nymphalidae. **Merkmale:** Ein mittelgroßer Falter mit stark gezackten Flügelrändern, rotbrauner Grundfarbe und helleren sowie dunkelbraunen Flekken. Die Unterseite (s. Grafik) ist unauffällig bräunlich marmoriert und trägt auf den Hinterflügeln ein deutliches, silbriges C-Zeichen. Spannweite 50–55 mm. **Vorkommen:** Weit verbreitet in Wald- und Buschland, nicht selten in Gärten, in 2 Generationen mit überwinternden Faltern. Auch diese Art ist heute seltener geworden. **Nahrung:** Die Falter findet man auf Blüten, sie lieben aber auch andere Säfte. Die Raupe lebt einzeln an Weiden, Ulmen, Brennesseln, Johannisbeeren und anderen Pflanzen. **Entwicklung, Lebensweise:** Wie bei den verwandten, vorhergehenden Arten überwintert auch hier der Falter. Im Frühjahr kommt es zur Fortpflanzung und die Nachkommen erscheinen im Juni und Juli. Die im August darauf folgende nächste Generation überwintert. Die Flügelform dieser Art und die damit verbundene Färbung der Unterseite, die beim ruhenden Tier sichtbar wird, bietet eine ausgezeichnete Tarnung; wenn das Tier am Boden oder in der Vegetation sitzt, sieht es aus wie ein altes Blatt.
Geschützt.

Landkärtchen

Araschnia levana

(Foto oben: Frühjahrsform, Foto unten: Sommerform)

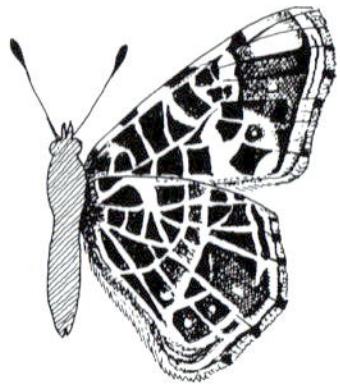

Flügelunterseite

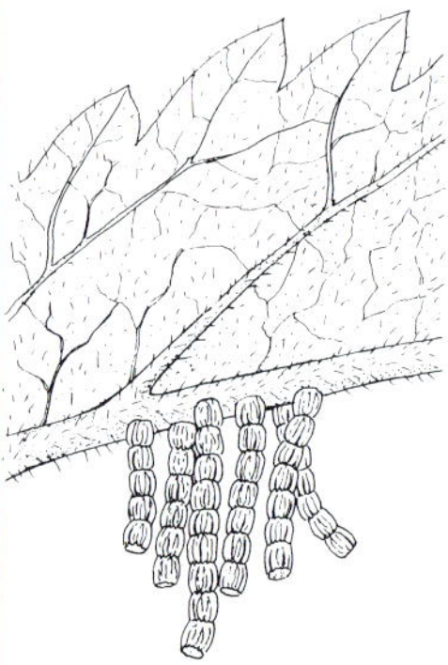

Eigelege auf Brennessel

Edelfalter, Nymphalidae. **Merkmale:** Ein kleinerer Falter mit lebhaft bunter Zeichnung, die bei den Frühjahrstieren (f. *levana*) auf rotbraunem Grund vorkommt, bei den Sommertieren (f. *prorsa*) dagegen auf schwarzem. Hier finden sich auch noch deutliche weiße Zeichnungen. Die beiden Formen wurden urpsrünglich als verschiedene Arten beschrieben, bis man entdeckte, daß es sich nur um jahreszeitlich verschiedene Formen einer Art handelt. Die Formen werden aber immer noch Winterlandkärtchen (Foto oben) und Sommerlandkärtchen (Foto unten) genannt. Der deutsche Name stammt von der komplizierten, aus vielen Linien bestehenden Zeichnung der Flügelunterseite (s. Grafik), die wie eine Landkarte aussieht. Spannweite 30–40 mm. **Vorkommen:** Die Art ist weit verbreitet, bevorzugt feuchte Waldränder, Hecken und Bachufer und ist dort nicht selten. Sie fliegt von Mai bis Juni und wieder im Juli und August. **Nahrung:** Die Falter besuchen Blüten. Die Raupen findet man in Gesellschaften an Brennesseln, wo die Eier in kleinen Türmchen übereinandergeklebt werden (s. Grafik). **Entwicklung, Lebensweise:** Die Entstehung der beiden Farbvarianten wird durch unterschiedliche Entwicklungsbedingungen verursacht. Die Nachkommen der Sommergeneration bilden im Herbst Puppen, die überwintern. Diese Überwinterung wird durch die kürzere Tageslänge im Herbst ausgelöst. Hält man sie nämlich im Versuch bei Tageslängen über 14 Stunden, so entwickeln sich die Puppen ohne Überwinterung sofort weiter und ergeben Falter der schwarzen Sommergeneration. Die überwinternden Puppen müssen eine Zeit dem Frost ausgesetzt sein und entwikkeln sich dann erst nach darauffolgender Erwärmung, diesmal zu rotbraunen Frühjahrstieren. Ihre Nachkommen, die im Sommer während der langen Tage heranwachsen, ergeben stets nach nur kurzer Puppenruhe die dunkle Sommerform. Jahreszeitliche Unterschiede dieser Art nennt man Saisondimorphismus, eine Erscheinung, die in den Tropen nicht selten ist, und dort vor allem in Gebieten mit ausgeprägten Trocken- und Regenzeiten auftritt. Bei uns werden die Vorgänge von den Tageslängen gesteuert und die Farbvarianten dann von Wärme oder Kälte beeinflußt. So kommen auch Übergangsformen zustande, wenn die Entwicklungsbedingungen, vor allem die Temperaturen, mittlere Werte aufweisen. Experimentell lassen sich diese Vorgänge leicht an Zuchten darstellen.

Kaisermantel

Argynnis paphia

(Foto: Männchen)

Weibchen

Edelfalter, Nymphalidae. **Merkmale:** Ein großer Falter, der im männlichen Geschlecht leuchtend rotbraun gefärbt ist, im weiblichen olivbraun. Die Zeichnung besteht aus dunklen Flecken und Strichen. Beim männlichen Tier finden sich auf den Adern der Vorderflügel dunkle Streifen, die aus Duftschuppen bestehen (s. Foto) und beim weiblichen Tier fehlen (vgl. Grafik). Die Unterseite, vor allem der Hinterflügel, ist durch grün und violett glänzende Streifen sehr auffallend, bildet aber eine gute Tarnfarbe, wenn das Tier mit zusammengeklappten Flügeln in der Vegetation sitzt. Spannweite 60–80 mm. **Vorkommen:** Die Art ist weit verbreitet und recht häufig auf Waldlichtungen und an Waldrändern, selten in offenem Gelände. Die Falter fliegen in 1 Generation im Hochsommer. **Nahrung:** Die Falter besuchen gerne Blüten und man findet sie besonders an Disteln und anderen korbblütigen Pflanzen. Die Raupe lebt an Veilchenarten und ist am Tage verborgen. **Entwicklung, Lebensweise:** Die Eier werden im Spätsommer am Boden, an Steinen und Stämmen in der Nähe von Veilchenpflanzen abgelegt. Hier überwintern sie und im Frühjahr, wenn die Nahrungspflanzen austreiben, schlüpft auch die Raupe aus dem Ei und sucht die Nahrungspflanze auf. Die Puppe, eine Stürzpuppe, wird in der Vegetation befestigt. Bei der Paarung führt das Männchen ein kompliziertes Balzspiel auf, bei dem die Duftschuppen auf den Vorderflügeln eine wichtige Rolle spielen. In einer bestimmten Phase dieses Spiels gelangen die Fühler des Weibchens zwischen den Flügeln an die Duftschuppen, wobei ein Duftstoff übertragen wird, der das Weibchen zur Paarung anregt. Die »Nase« der Schmetterlinge sitzt nämlich auf den Fühlern. In ähnlicher Weise locken Nachtfalter ihre männlichen Partner an, die Weibchen finden die richtige Nahrungspflanze bei der Eiablage und die Raupen das richtige Futter. Kennt man die Duftstoffe, so kann man Falter anlocken und aktivieren und eine Raupe sogar zum Fressen von Papier bringen, wenn nur der richtige Duftstoff dabei ist. In der modernen Schädlingsbekämpfung macht man sich das zunutze, indem man Nährlösungen mit dem entsprechenden Stoff tränkt und damit zahlreiche Schadraupen großziehen kann. In diesen werden wiederum Schlupfwespen gezüchtet, die freigelassen werden und nun Schadraupen zerstören. Giftstoffe gegen Schädlinge braucht man in diesem Fall nicht.

Geschützt.

Stiefmütterchen-Perlmutterfalter

Fabriciana niobe

(Foto oben und unten)

Edelfalter, Nymphalidae. **Merkmale:** Ein größerer Falter mit rotbrauner Grundfarbe, auf der zahlreiche dunkle Flecken stehen. Die weiblichen Tiere sind weniger leuchtend, mehr grünbraun gefärbt. Bemerkenswert ist die Unterseite, vor allem der Hinterflügel. Sie ist heller gelbbraun und trägt rotbraune und schwärzliche Flekken, ferner mehrere Reihen silberglänzender Flecken, die wie Perlmutt schimmern. Diese Art der Färbung hat der ganzen Gruppe den Namen Perlmutterfalter eingetragen. Es gibt aber auch seltenere Varianten, bei denen der Perlmutterglanz völlig verschwunden ist. Die Stellen der Silberflecken haben dann die gleiche Färbung wie die Grundfarbe. Spannweite 50–60 mm. **Vorkommen:** Die Art ist sehr weit verbreitet, kommt aber nur im Wald und seiner Nähe vor, auch auf Bergwiesen. Die Falter erscheinen in 1 Generation im Juni und Juli. **Nahrung:** Die Falter besuchen Blüten, die Raupe lebt an Veilchenarten. **Entwicklung, Lebensweise:** Die Entwicklung erfolgt wie beim Kaisermantel, die Raupe überwintert im Ei und lebt nach dem Ausschlüpfen meist einzeln an der Nahrungspflanze. Sie ist gerne verborgen und deshalb schwer zu finden.

Die Silberfärbung auf der Unterseite der Hinterflügel ist eine physikalische Erscheinung, die Ähnlichkeit mit den Schillerfarben hat. Hier werden allerdings nicht bestimmte Farben verstärkt und andere ausgelöscht, es kommt vielmehr zu einer Totalreflexion, bei der das Licht im ganzen Spektralbereich »weiß« zurückgeworfen wird. Ähnlich entstehen die Silberflecken auf den Puppen dieser Familie. Die Stürzpuppen genießen durch das Lichterspiel einen gewissen Schutz.

Es gibt noch zwei sehr ähnliche, nahe verwandte Permutterfalter mit ähnlicher Verbreitung und Lebensweise. Es handelt sich um den **Großen Perlmutterfalter** *(Mesoacidalia aglaja;* Grafik) und den **Märzveilchenfalter** *(Fabriciana adippe).* Beide sind etwa in der gleichen Häufigkeit zu finden. Daneben gibt es noch eine Reihe kleinerer Arten, die oft nicht selten sind, die man aber nicht immer leicht unterscheiden kann. Das beste Merkmal ist noch die Unterseite der Hinterflügel, die bei allen Arten in charakteristischer Weise gezeichnet ist, obwohl die Zeichnungsunterschiede nicht immer leicht zu erkennen sind. Der **Kleine Perlmutterfalter** *(Issoria lathonia)* weist auf der Unterseite ganz große silberne Flecken auf (s. Grafik).

Alle hier erwähnten Arten sind geschützt, die beiden *Fabriciana*-Arten gefährdet.

Großer Perlmutterfalter

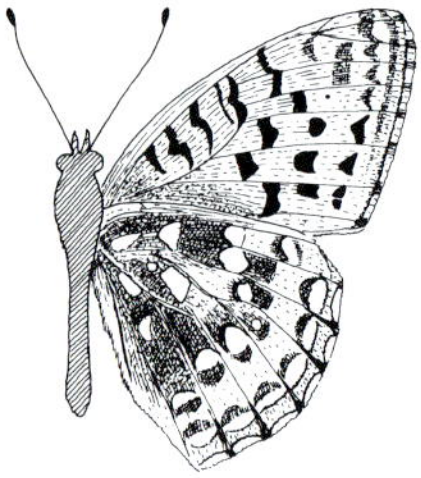

Flügelunterseite

Kleiner Perlmutterfalter

Flügelunterseite

Wachtelweizen-Scheckenfalter

Mellicta athalia

(Foto oben)

Flügelunterseite

Edelfalter, Nymphalidae. **Merkmale:** Ein kleinerer Falter mit rotbrauner Grundfarbe und einem Netz dunkelbrauner Linien; die Flügelfransen sind hell-dunkel gescheckt. Die Unterseite (Grafik) ist heller, vor allem auf den Hinterflügeln mit braunen und gelblichen Bändern. Spannweite 40–45 mm. **Vorkommen:** Weit verbreitet und nicht selten auf blumigen Wiesen, Heiden und Mooren; in 1 Generation von Mai bis August, gelegentlich einer 2. in wärmeren Gegenden. **Nahrung:** Die Falter findet man oft auf Blüten von Knautien, Disteln und Flockenblumen, oft mehrere zusammen. Die Raupe lebt in Gruppen überwinternd an niederen Kräutern wie Wegerich, Wachtelweizen und anderen Pflanzen. **Entwicklung, Lebensweise:** Es gibt bei dieser Art und ihren Verwandten keine großen äußeren Unterschiede, so daß sie sehr schwer zu erkennen sind. Ganz unterschiedlich und für die Bestimmung gut geeignet ist jedoch der Bau der männlichen Kopulationsorgane, die allerdings unter dem Mikroskop präpariert werden müssen. Es gibt mehrere sehr ähnliche einheimische Arten.
Geschützt.

Braunfleckiger Perlmutterfalter

Clossiana selene

(Fotos unten links und rechts)

Edelfalter, Nymphalidae. **Merkmale:** Ein kleinerer, rotbrauner Falter mit dunkler Fleckenzeichnung. Die Unterseite ist heller und vor allem auf den Hinterflügeln mit charakteristischen weißlichen und braunen Flecken und Binden versehen. Hier handelt es sich um eine Perlmutterfalter-Art, die keine Silberflecken mehr aufweist. Spannweite 40–45 mm. **Vorkommen:** Weit verbreitet und nicht selten in Wald- und Buschland; in 2 Generationen in Früh- und Spätsommer. **Nahrung:** Die Falter besuchen gerne Blüten, die Raupe lebt überwinternd an Veilchen. **Entwicklung, Lebensweise:** Von den Nachkommen der ersten Jahresgeneration überwintert ein Teil der Raupen, der andere entwickelt sich sofort zur 2. Generation, deren Raupen ebenfalls überwintern. Die Frühjahrsgeneration stammt also von zwei verschiedenen Generationen ab, ein recht ungewöhnlicher Entwicklungsablauf.
Es gibt eine Reihe sehr ähnlicher einheimischer Arten, die hauptsächlich durch die Hinterflügel zu unterscheiden sind. Der ebenfalls recht häufige **Veilchen-Perlmutterfalter** *(Clossiana euphrosyne)* unterscheidet sich durch die zimtfarbene Unterseite der Hinterflügel.
Geschützt.

Brauner Würfelfalter
Hamearis lucina

(Foto oben)

Würfelfalter, Nemeobiidae. **Merkmale:** Ein kleiner Falter mit gelblichbrauner Grundfarbe und schwärzlichen Zeichnungen. Die Unterseite ist deutlicher gelblich, braun und schwarz gebändert. Spannweite 30–35 mm. **Vorkommen:** Weit verbreitet, nach Norden selten werdend, in Busch- und Waldland und auf feuchten Wiesen. Bei uns in 1 Generation, südlich der Alpen in 2, im Frühjahr und wieder im August bis September. **Nahrung:** Die Falter besuchen Blüten, die Raupe lebt besonders an der Hohen Primel und frißt nachts. **Entwicklung, Lebensweise:** Der Würfelfalter ist einziger Repräsentant einer artenreichen Familie, die vor allem in Südamerika verbreitet ist.
Geschützt; gefährdet.

Brombeerzipfelfalter
Callophrys rubi

(Foto unten links)

Bläulinge, Lycaenidae. **Merkmale:** Ein kleiner Falter mit dunkelbrauner Oberseite und grüner Unterseite, die weiße Flecken aufweisen kann. Am Hinterflügel ein zipfelförmiger Fortsatz, der der Art den Namen gegeben hat. Spannweite 25 mm. **Vorkommen:** Ein Waldtier, das weit verbreitet und nicht selten auf Lichtungen und an Waldrändern zu finden ist; in 1 Generation im Sommer. **Nahrung:** Die Falter besuchen gerne Blüten, vor allem Brombeerblüten. Die Raupe lebt an Himbeeren, Heidelbeeren und anderen Pflanzen. **Entwicklung, Lebensweise:** Wie alle Bläulinge hat auch diese Art eine asselförmige Raupe, die sich im Herbst zu einer Gürtelpuppe verwandelt. Sie ist durch ihre schwarzweiße Zeichnung gut getarnt und erinnert an Vogelkot.
Geschützt.

Pflaumenzipfelfalter
Strymonidia pruni

(Foto unten rechts)

Weibchen

Bläulinge, Lycaenidae. **Merkmale:** Ein kleiner, dunkelbrauner Falter mit nur schwachen, orangefarbenen Aufhellungen am Flügelrand, die beim Weibchen (Grafik) deutlicher sind. Die Unterseite ist heller, mit weißen und orangefarbenen Binden und dunklen Fleckenreihen. Am Hinterflügel ein zipfelartiger Fortsatz. Spannweite 30–35 mm. **Vorkommen:** Verbreitet, aber lokal; an buschigen Stellen, besonders im Hügelland; in 1 Generation im Sommer. **Nahrung:** Die Falter findet man an Blüten, die Raupe lebt an Schlehen und anderen *Prunus*-Arten. **Entwicklung, Lebensweise:** Wie die verwandten Arten fliegt diese gern um ihre Nahrungspflanzen und setzt sich mit geschlossenen Flügeln auf ein bestimmtes Blatt.
Geschützt.

Dukatenfalter

Heodes virgaureae

(Foto: Männchen)

Weibchen

Bläulinge, Lycaenidae **Merkmale:** Ein kleiner, oberseits kupferrot glänzender Falter mit schwarzen Flügelrändern beim Männchen, dunkel abgeschatteter und gefleckter Oberseite beim Weibchen (s. Grafik). Die Unterseite ist gelblich braun, mit kleinen schwarzen Pünktchen und weißen Flecken. Am Hinterflügelrand ein kleiner Vorsprung. Spannweite 30–35 mm. **Vorkommen:** Auf feuchteren Wiesen und Waldlichtungen weit verbreitet und früher häufig, heute eine seltene Erscheinung. Fliegt in 1 Generation im Sommer. **Nahrung:** Der Falter besucht gerne Blüten, die Raupe lebt an Ampferarten. **Entwicklung, Lebensweise:** Das Ei dieser Art überwintert, und die Raupe lebt im Frühjahr an den genannten Pflanzen. Warum die früher häufige Art heute so selten geworden ist, kann nur vermutet werden. Mangel an Nahrungspflanzen ist es nicht, jedoch können geänderte Bearbeitungsrhythmen, Mähen zum Beispiel, und die Verwendung von zu viel chemischem Dünger die empfindlichen Tiere in ihrer Entwicklung gehindert haben. Ähnliche Ursachen müssen für das Seltenwerden anderer Schmetterlinge angenommen werden.

Geschützt; gefährdet.

Kleiner Ampferfeuerfalter

Palaeochrysophanus hippothoe

(Foto: Männchen)

Flügelunterseite

Bläulinge, Lycaenidae. **Merkmale:** Die Oberseite dieses kleinen Falters ist rotgolden mit violettem Schiller, beim Weibchen ist die Grundfarbe von dunkleren Flekken und Schatten überzogen. Die Unterseite (Grafik) ist gelbgrau, mit vielen kleinen geringten Flecken und einem orange Band auf dem Hinterflügel. Spannweite 30–35 mm. **Vorkommen:** Nach Norden zu häufiger auf sumpfigen und moorigen Wiesen, besonders im Bergland; in 1 Generation im Frühsommer. Durch Verringerung der Feuchtgebiete ist die Art gefährdet. **Nahrung:** Die Falter findet man an Blüten, die Raupe lebt an Ampfer und Knöterich. **Entwicklung, Lebensweise:** Die überwinternde Raupe verpuppt sich freiliegend am Boden. Der Falter ist immer nur in seinem engeren Lebensraum zu finden; es handelt sich um eine Art, die während der Eiszeiten ihre Verbreitung gefunden hat und heute zurückgeht, da sich die Lebensräume verringern.

Die vorhergehenden Arten werden zu den Bläulingen gezählt, obwohl sie rötlich gefärbt sind.

Geschützt; gefährdet.

Zahnflügel-Bläuling
Meleageria daphnis

(Foto oben: Weibchen)

Bläulinge, Lycaenidae. **Merkmale:** Das Männchen dieser Art ist oberseits silberblau, das Weibchen weist am Flügelrand dunklere Binden auf, beide Geschlechter mit stumpfen Zähnen am Hinterflügel. Spannweite 35–40 mm. **Vorkommen:** Diese Art fliegt nur im südlichen Mitteleuropa an trockenen warmen Stellen, wie im Jura, und erscheint im Sommer in 1 Generation. **Nahrung:** Die Falter kann man an Blüten finden, die Raupe lebt an verschiedenen schmetterlingsblütigen Pflanzen. **Entwicklung, Lebensweise:** Arten solch extremer Lebensräume sind in ihrem Bestand sehr gefährdet, da es ihre Lebensräume auch sind.
Geschützt; stark gefährdet.

Hauhechelbläuling
Polyommatus icarus

(Foto unten links)

Weibchen

Bläulinge, Lycaenidae. **Merkmale:** ein kleiner Falter mit blauer Oberseite, schwarzem Flügelsaum und weißen Fransen beim Männchen. Die Weibchen (Grafik) sind oberseits braun, mit wenigen orange und blauen Flecken. Die Unterseite ist graubraun, mit kleinen geringten Flecken und einigen orange Punkten am Außenrand der Hinterflügel. Spannweite 25 mm. **Vorkommen:** Weit verbreitet und häufig auf Grasland in 3 Generationen den ganzen Sommer über. **Nahrung:** Die Falter findet man an Blüten, die Raupe lebt an verschiedenen schmetterlingsblütigen Pflanzen. **Entwicklung, Lebensweise:** Die halbwüchsige Raupe überwintert, und im folgenden Jahr erfolgt sehr rasch die Entwicklung der weiteren Generationen.
Geschützt.

Silbergrüner Bläuling
Lysandra coridon

(Foto unten rechts)

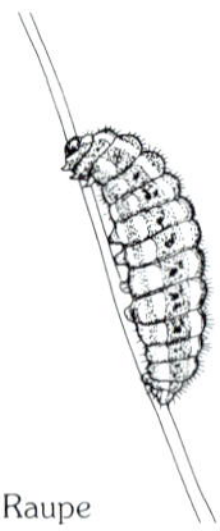

Raupe

Bläulinge, Lycaenidae. **Merkmale:** Der kleine Falter ist silbergrün gefärbt, mit dunklerem Außenrand und Flekken, das Weibchen braun, mit orange Flecken am Rand. Beide mit deutlich gescheckten Fransen. Die Unterseite ist wie bei den meisten Bläulingen mit zahlreichen kleinen Augenflecken und orange Randpunkten versehen. **Vorkommen:** Lokal auf trockenen kalkhaltigen Böden bis hoch ins Gebirge. Nach Norden seltener, mit 1 Generation im Hochsommer. **Nahrung:** Die Falter besuchen Blüten, die Raupe lebt überwinternd an verschiedenen Schmetterlingsblütlern. **Entwicklung, Lebensweise:** Die Raupe (Grafik), die wie bei allen Bläulingen eine asselförmige Gestalt aufweist, wird oft von Ameisen besucht, da sie aus einer besonderen Drüse süße Exkrete abgibt, die die Ameisen gierig aufnehmen.
Geschützt.

Rostfarbiger Dickkopffalter

Ochlodes venatus

(Foto oben links: Männchen)

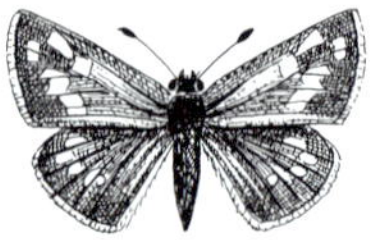

Weibchen

Dickkopffalter, Hesperiidae. **Merkmale:** Flügel ockerbraun, mit dunkleren Rändern und einem schwarzen Schrägstrich am Vorderflügel beim Männchen (Foto). Das Weibchen (Grafik) ist braun gefärbt, mit gelbbraunen, meist eckigen Flecken auf beiden Flügeln. Die Unterseite beider Geschlechter ist bräunlich und gelbgrün und weist schwach erkennbare hellere Flecken auf. Fühler gekolbt, mit gekrümmter Spitze. Spannweite 30–35 mm. **Vorkommen:** Weit verbreitet und nicht selten auf offenem Gelände; Juni bis August in 1 Generation, im Süden oft 2–3 Generationen. **Nahrung:** Die Falter besuchen Blüten, die Raupe lebt an Gräsern. **Entwicklung, Lebensweise:** Die Raupe überwintert und lebt zwischen zusammengesponnenen Grasblättern, wo sie sich verpuppt. Wie alle Dickkopffalter ist der Flug eigentümlich schwirrend und sehr schnell.

Gelbwürfeliger Dickkopffalter

Carterocephalus palaemon

(Foto oben rechts)

Dickkopffalter, Hesperiidae. **Merkmale:** Der kleine Falter zeigt auf der dunkelbraunen Grundfarbe gerundete, gelbbraune Flecken, die auf der Unterseite wiederkehren. Die Geschlechter sind gleich gefärbt. Spannweite 25–30 mm. **Vorkommen:** Die Art ist weit verbreitet, nicht selten und fliegt an grasigen Stellen in der Nähe oder im Wald und erscheint im Frühsommer in 1 Generation. **Nahrung:** Die Falter besuchen Blüten, die Raupe lebt überwinternd an Gräsern. **Entwicklung, Lebensweise:** Dickkopffalter erkennt man, wenn sie ruhen, an ihrer eigentümlichen Flügelhaltung. Die Flügel werden schräg nach hinten abgestreckt, wobei der Anstellwinkel von Vorder- und Hinterflügel verschieden ist. Nachts werden sie zusammengeklappt.

Malven-Würfelfleckfalter

Pyrgus malvae

(Foto unten)

Dickkopffalter, Hesperiidae. **Merkmale:** Der kleine Falter weist auf der schwärzlichen Grundfarbe zahlreiche kleine weiße Flecken auf und die Fransen sind deutlich gescheckt. Beide Geschlechter sind gleich. Spannweite 20–25 mm. **Vorkommen:** Weit verbreitet und recht häufig auf Grasland, im Flachland in 2 Generationen, im Gebirge nur in 1 Generation. **Nahrung:** Die Falter findet man an Blüten, die Raupe lebt zwischen versponnenen Blättern an niederen Pflanzen. **Entwicklung, Lebensweise:** Bei dieser Art überwintert die Puppe. Die Falter fliegen bei Tage im Sonnenschein. Es gibt mehrere sehr ähnliche Arten.
Geschützt.

Nonne

Lymantria monacha

(Foto oben: Männchen)

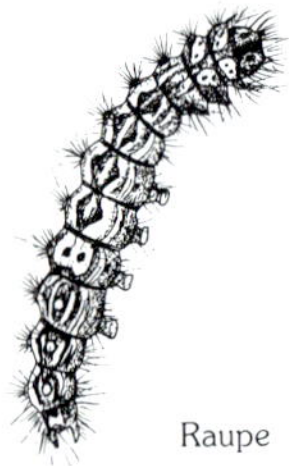

Raupe

Trägerspinner, Lymantriidae. **Merkmale:** Ein mittelgroßer Falter mit weißen Vorderflügeln, die von zahlreichen schwarzen Zick-Zack-Linien durchzogen sind. Die Hinterflügel sind einfarbig graubraun, der Körper rot und schwarz gefärbt. Es gibt aber auch Exemplare, die fast schwarz gefärbt sind, so daß die Zeichnung nicht mehr sichtbar ist. Das Weibchen ist wesentlich größer und hat einfache Fühler, während diese beim Männchen (Foto) lang gefiedert sind. Spannweite ♂ 25, ♀ 55 mm. **Vorkommen:** Die Art ist vor allem in Nadelwäldern weit verbreitet und gelegentlich häufig; sie fliegt in 1 Generation im Juli/August. **Nahrung:** Die Falter nehmen keine Nahrung zu sich, die Raupen (Grafik) leben vor allem an Nadelbäumen, bei Massenvermehrung aber auch von Laubbäumen. **Entwicklung, Lebensweise:** Das Ei überwintert; die Raupe verpuppt sich in einem lockeren Gespinst an Baumstämmen. Jahrweise, vor allem in früheren Zeiten, trat die Art in enormen Zahlen in Fichtenwäldern auf und verursachte durch Kahlfraß riesige Schäden, so daß sie mit großem Aufwand bekämpft werden mußte. Man verwendete zunächst chemische Mittel, später Bakterien und Schlupfwespen. Die Falter sind nachts aktiv.

Schwammspinner

Lymantria dispar

(Foto unten links: Weibchen, Foto unten rechts: Männchen)

Trägspinner, Lymantriidae. **Merkmale:** Sehr ähnlich der vorhergehenden Art, das Männchen (Foto unten rechts) aber mit brauner Grundfarbe und dunkelbraunen Linien, nur das Weibchen weiß, jedoch mit braunen Linien (Foto unten links). Der Hinterleib ist braun. Spannweite ♂ 45, ♀ 70 mm. **Vorkommen:** Diese Art ist ebenfalls weit verbreitet und oft häufig, aber mehr in wärmeren Laubwaldgegenden; 1 Generation im Sommer. **Nahrung:** Die Falter nehmen keine Nahrung zu sich, die Raupen leben an Laubholz und besonders an Obstbäumen. **Entwicklung, Lebensweise:** Die tagaktiven Tiere fertigen Gelege, die mit der Hinterleibswolle des Weibchens schwammartig (Name!) bedeckt werden (vgl. Foto unten links). Die Gelege überwintern. Die haarigen, mit blauen und roten Warzen besetzten Raupen leben in Gemeinschaften und können, wenn sie in großer Zahl auftreten, erhebliche Schäden an Obstbäumen verursachen. Zur Bekämpfung werden heute unter anderem Pheromonfallen aufgestellt, die die Lockstoffe der Weibchen enthalten und von den Männchen aufgesucht werden. Solche Stoffe werden von den Weibchen der Nachtfalter in besonderen Drüsen erzeugt und dienen der Partnerfindung.

Brauner Bär

Arctia caja

(Foto oben: Weibchen)

Raupe

Bärenspinner, Arctiidae. **Merkmale:** Der große Falter ist sehr auffallend gefärbt, auf den Vorderflügeln creme-weiße Bänder auf braunem Grund, auf den Hinterflügeln dunkelblaue, schwarzgeringte Augen auf ziegelrotem Grund. Der Hinterleib ist rot und schwarz gefleckt. Die Geschlechter sind gleich, das Weibchen (Foto) etwas größer, mit kürzer gefiederten Antennen. Spannweite 50–70 mm. **Vorkommen:** Die Art ist weit verbreitet in Wäldern, Parks und Gärten und tritt nicht selten in 1 Generation im Sommer auf. **Nahrung:** Die stark behaarte braune Raupe (s. Grafik), die der Art den Namen gebracht hat, frißt niedere Pflanzen. **Entwicklung, Lebensweise:** Die nächtlichen Tiere genießen am Tage einen gewissen Schutz durch ihre bunten Farben, die vor der Ungenießbarkeit der Tiere warnen.
Geschützt.

Tigermotte

Spilosoma lubricipedum

(Foto unten links)

Bärenspinner, Arctiidae. **Merkmale:** Der mittelgroße Falter ist rein weiß, mit vielen kleinen schwarzen Pünktchen am Vorderflügel. Der Hinterleib ist gelb, mit schwarzen Flecken. Die Geschlechter unterscheiden sich durch die Länge der Fühlerfiedern. Spannweite 35–45 mm. **Vorkommen:** Weit verbreitet und nicht selten in sehr verschiedenen Lebensräumen, in 1–2 Generationen. **Nahrung:** Die dicht braun behaarte Raupe lebt an niederen Pflanzen und man sieht sie oft, wenn sie flink Straßen überquert. **Entwicklung, Lebensweise:** Auch hier ist die auffallende Farbe als Warnfarbe zu betrachten, da die Falter übelschmeckende Stoffe enthalten. Die Falter sind nachts aktiv und kommen gerne ans Licht. Die Puppe überwintert.

Jakobskrautbär

Tyria jacobaeae

(Foto unten rechts)

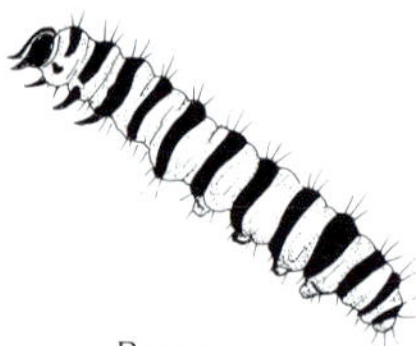

Raupe

Bärenspinner, Arctiidae. **Merkmale:** Der mittelgroße Falter ist am Vorderflügel dunkelbraun, mit roten Streifen und Flecken, die Hinterflügel sind ganz rot. Die Geschlechter sind kaum verschieden. Spannweite 35–45 mm. **Vorkommen:** Lokal und weit verbreitet auf trockenen Wiesen und Hängen im Sommer in 1 Generation. **Nahrung:** Die bunte Raupe (Grafik) lebt meist in kleinen Gruppen an Jakobskreuzkraut. Sie ist auffallend gelb und schwarz geringelt. **Entwicklung, Lebensweise:** Die bunte Färbung verleiht auch dieser Art einen Schutz vor Feinden, die den bitteren Geschmack, der aus Stoffen der Nahrungspflanze stammt, nicht mögen. Die Falter fliegen nachts, manchmal auch am Tage.
Geschützt.

Schönbär

Callimorpha dominula

extreme Farbvariante

Bärenspinner, Arctiidae. **Merkmale:** Ein ziemlich großer, bunter Falter mit schwarzen Vorderflügeln, in denen weiße Flecken stehen; diese manchmal sehr klein (s. Grafik). Die Hinterflügel sind rot, mit schwarzen Flecken, der Hinterleib ist rot und schwarz gestreift. Die Geschlechter sind nicht verschieden. Spannweite 50 mm. **Vorkommen:** Die Art ist lokal über weite Gebiete verbreitet, bevorzugt aber feuchte Waldwiesen und Bachschluchten und ist dort nicht selten. **Nahrung:** Die Falter nehmen offensichtlich Nahrung von Blüten auf, die Raupen leben an Pflanzen wie etwa Vergißmeinnicht und Schlüsselblumen. **Entwicklung, Lebensweise:** Die Falter sind am Tage in der Sonne, aber auch nachts aktiv. Sie sind wohl durch ihre Warnfarbe vor Angreifern geschützt, verstärken diese Wirkung jedoch noch auf andere Weise. Ergreift man sie, so pressen sie an Hals und Beinen gelbe Flüssigkeitstropfen von offensichtlich üblem Geruch und Geschmack hervor. Trotzdem können sie bei ihrem nächtlichen Flug von Fledermäusen geortet werden und wehren sich gegen Angriffe durch ein sehr hohes zirpendes Geräusch, das überwiegend im Ultraschallbereich liegt und das Ortungssystem der Fledermäuse stört, welches diesen Frequenzbereich nutzt.
Geschützt; gefährdet.

Russischer Bär

Euplagia quadripunctaria

Bärenspinner, Arctiidae. **Merkmale:** Die recht große, bunte Art hat schwarzglänzende Vorderflügel, die von gelbweißen Binden schräg durchzogen werden. Die Hinterflügel sind rot, mit schwarzen Flecken, ebenso der Hinterleib. Die Geschlechter sind nicht verschieden. Spannweite 50–55 mm. **Vorkommen:** Die Art ist nach Süden zu häufiger und findet sich in sonnigen Bachschluchten und auf Berghängen, stellenweise in großer Zahl. Die Art fliegt im Sommer in 1 Generation. **Nahrung:** Die Falter besuchen gerne Blüten und finden sich dann oft zu mehreren an Disteln und Dost. Die überwinternden Raupen leben an niederen Pflanzen, besonders aber an Vergißmeinnicht und anderen Rauhblattgewächsen. **Entwicklung, Lebensweisen:** Berühmt geworden ist diese Art durch das Schmetterlingstal von Rhodos. Hier sammeln sich die Falter in der heißen, trockenen Sommerzeit in einer feuchten Bachschlucht zu einer Sommerpause und bedecken dann zu Tausenden die Bäume und Sträucher der Umgebung. Im Herbst zerstreuen sich die Tiere wieder.
Geschützt, gefährdet.

Mondvogel
Phalera bucephala

Zahnspinner, Notodontidae. **Merkmale:** Ein großer Falter mit silbriggrauen Vorderflügeln und einem gelbbraunen Fleck am Flügelende, die Hinterflügel sind einfarbig gelblichweiß. Keine Geschlechtsunterschiede. Spannweite 60–70 mm. **Vorkommen:** Weit verbreitet in Wald- und Buschland und nicht selten, in 1 Generation im Sommer, im Süden manchmal 2 Generationen. **Nahrung:** Die bunte, gelb und schwarz gezeichnete, kurz behaarte Raupe lebt in Gesellschaften an verschiedenen Laubbäumen und kann Kahlfraß verursachen. Die Falter nehmen keine Nahrung zu sich. **Entwicklung, Lebensweise:** Die Puppe dieser Art überwintert in einer Höhle im Boden, die die Raupe anfertigt und mit einem dünnen Gespinst auskleidet. Diese Art der Verpuppung ist bei Nachtfaltern sehr verbreitet und die Puppen sind in der Regel glänzend braun gefärbt. Der Mondvogel sitzt als nächtlich aktives Tier am Tage mit zusammengeklappten Flügeln in der Vegetation. Seine Färbung, grau mit hellem Flügelende, erinnert an einen abgebrochenen Zweig und gibt dem Falter eine ausgezeichnete Tarnung. Diese Art der Verbergetracht nennt man Pflanzenmimese.

Großer Gabelschwanz
Cerura vinula

Raupe

Zahnspinner, Notodontidae. **Merkmale:** Große weiße oder graue Falter – das abgebildete Weibchen ist mehr grau gefärbt – mit feinen, dunklen Zick-Zack-Linien auf den Vorderflügeln. Auf dem Hinterleib dunkle Flecken. Die Fühler des Weibchens sind, wie bei vielen Nachtfaltern, kürzer gekämmt als beim Männchen. Spannweite 60–70 mm. **Vorkommen:** Weit verbreitet und nicht selten, besonders in Buschland und an Waldrändern, im Frühsommer. **Nahrung:** Die Raupe lebt an Pappeln und Weiden, besonders an kleineren Büschen, und ist am Tage gut sichtbar. Die Falter nehmen keine Nahrung zu sich. **Entwicklung, Lebensweise:** Die Raupe (Grafik) ist sehr eigenartig geformt, da ihr letztes Beinpaar zu einer langen Gabel ausgezogen ist. Das hat der Art den Namen gegeben. Darin befinden sich dünne, rote Schläuche, die bei Gefahr ausgepreßt werden und sich dem Feind entgegenringeln. Gleichzeitig wird aus einer Drüse unter dem Kopf eine Flüssigkeit gespritzt, die Ameisensäure enthält und den Angreifer aus über 20 cm Entfernung treffen kann. Beide Vorgänge bilden eine wirksame Abwehrwaffe.
Geschützt.

Erdeichel-Widderchen

Zygaena filipendulae

(Foto oben links)

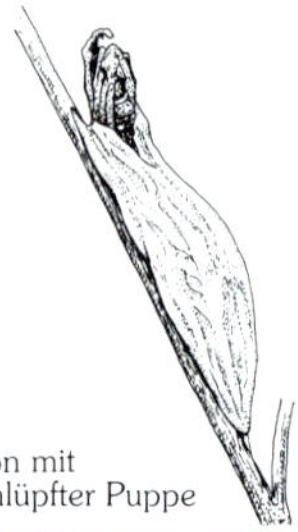

Kokon mit geschlüpfter Puppe

Widderchen, Zygaenidae. **Merkmale:** Vorderflügel blauschwarz glänzend, mit 6 roten Flecken, die dem Widderchen auch den Namen Blutströpfchen gegeben haben; Hinterflügel rot, mit schwarzem Saum; Hinterleib ganz blauschwarz; Fühler einfach, mit gekolbtem Ende. Spannweite 35–40 mm. **Vorkommen:** Diese Art ist auf Grasland weit verbreitet und unsere häufigste Art der Gattung. Sie fliegt im Sommer in 1, im Süden in 2 Generationen. **Nahrung:** Die Falter besuchen Blüten von Disteln und Knautien, die asselförmige Raupe lebt an Schmetterlingsblütlern. **Entwicklung, Lebensweise:** Die Raupe überwintert und verpuppt sich in einem spindelförmigen Kokon (vgl. Grafik); die Falter sind tags aktiv.
Geschützt.

Esparsetten-Widderchen

Zygaena carniolica

(Foto oben rechts)

Widderchen, Zygaenidae. **Merkmale:** Die grünschwarz glänzenden Vorderflügel tragen 6 ungleich große rote Flecken, die von gelben Ringen gesäumt sind; Hinterflügel rot; am Hinterleib ein roter Ring; Fühler gekolbt. Spannweite 30–35 mm. **Vorkommen:** Auf trockenen warmen Wiesen und Hängen, lokal oft häufig; im Hochsommer in 1 Generation. **Nahrung:** Die Falter besuchen Blüten, die Raupe lebt an Esparsette und Hornklee. **Entwicklung, Lebensweise:** Die junge Raupe überwintert und verpuppt sich im Frühsommer.
Geschützt; potentiell gefährdet.

Hochgebirgs-Widderchen

Zygaena exulans

(Foto unten links)

Widderchen, Zygaenidae. **Merkmale:** Vorderflügel etwas durchscheinend gelbgrau glänzend, mit 5 roten Flecken; Hinterflügel rot; Fühler gekolbt. Spannweite 30–35 mm. **Vorkommen:** Zentralalpen oberhalb der Baumgrenze; 1 Generation im Sommer. **Nahrung:** Die Falter besuchen Blüten, die Raupe lebt an Schmetterlingsblütlern. **Entwicklung, Lebensweise:** Die Raupe überwintert zweimal, Verpuppung in ovalem Kokon.
Geschützt; stark gefährdet.

Grün-Widderchen

Procris statices

(Foto unten rechts)

Widderchen, Zygaenidae. **Merkmale:** Vorderflügel glänzend grün, Hinterflügel grau; Fühler gekämmt. Spannweite 25–30 mm. **Vorkommen:** Auf feuchten Wiesen, Mooren und Heiden; in 1 Generation im Sommer. **Nahrung:** Die Raupe ernährt sich von Ampferarten. **Entwicklung, Lebensweise:** Die Raupe überwintert. Die Falter fliegen sowohl bei Tage als auch nachts. Es gibt einige sehr ähnliche Arten bei uns.
Geschützt.

Totenkopfschwärmer

Acherontia atropos

(Foto oben)

Schwärmer, Sphingidae. **Merkmale:** Der Vorderflügel ist gelb-braun marmoriert, der Hinterflügel gelb, mit dunklen Binden, am Bruststück eine totenkopfartige Zeichnung, am gelben Hinterleib ein blauer Streifen. Spannweite 100–140 mm. **Vorkommen:** Ein Wanderfalter, der aus dem Süden zufliegt. **Nahrung:** Die Falter saugen Honig aus Bienenwaben und Baumsäfte, die Raupe lebt an giftigen Pflanzen wie Kartoffel und Nachtschatten. **Entwicklung, Lebensweise:** Wenn die Falter an Bienenwaben gehen, hemmen sie durch ein zirpendes Geräusch die Angriffslust der Bienen. Es gleicht dem Weiselgesang, der die Angriffslust beim Schlüpfen einer neuen Bienenkönigin unterdrückt.

Ligusterschwärmer

Sphinx ligustri

(Foto unten links)

Raupe in Schreckstellung

Schwärmer, Sphingidae. **Merkmale:** Große Falter mit schmalen Flügeln und kräftigem, spindelförmigem Körper. Die Fühler sind ebenfalls sehr kräftig. Diese Art hat rotbraune Vorderflügel mit dunkleren Zeichnungen und rote Hinterflügel mit breiten dunklen Bändern. Der Hinterleib ist rot und schwarz gescheckt. Spannweite 85–130 mm. **Vorkommen:** Weit verbreitet und nicht selten in Parks und Gärten und an Waldrändern, fliegt im Frühsommer schon in der Dämmerung. **Nahrung:** Die Falter saugen mit ihren langen Rüsseln im Schwebeflug an Blüten, die nachts geöffnet sind. Die Raupe (s. Grafik, vgl. auch Foto S. 12) lebt an Liguster, Esche, Flieder. **Entwicklung, Lebensweise:** Die Puppe überwintert und liegt in einer Erdhöhle. Der überlange Rüssel des Falters wird in der Puppe in einer zapfenartigen Ausstülpung entwickelt (vgl. Foto S. 12)
Geschützt.

Windenschwärmer

Agrius convolvuli

(Foto unten rechts)

Schwärmer, Sphingidae. **Merkmale:** Ist der vorhergehenden Art sehr ähnlich, Flügel aber nur grau gefärbt und auf dem Hinterleib nur wenig Rot. Spannweite 100–120 mm. **Vorkommen:** Diese Art ist ein Wanderfalter, der bei uns unregelmäßig auftritt und aus dem Mittelmeerraum stammt. Er kann in mehreren Generationen erscheinen, bei uns meist im Spätsommer. **Nahrung:** Die Falter besuchen eifrig Blüten, die Raupen leben an Winden. **Entwicklung, Lebensweise:** Die schnellen Flieger vermögen weite Wanderungen durchzuführen, fliegen über das Mittelmeer und die Alpen. Die Art ist deshalb auch über die ganze Alte Welt verbreitet. Die braune Puppe liegt im Boden und weist eine spiralig vorstehende Rüsselscheide auf.

Wolfsmilchschwärmer
Hyles euphorbiae

Schwärmer, Sphingidae. **Merkmale:** Recht große Falter mit grünlichen Vorderflügeln, die von hellen, manchmal rötlichen Binden durchzogen werden. Die Hinterflügel sind rötlich, mit dunklen Bändern und einem hellen Fleck am Innenwinkel. Der Hinterleib ist grünlich, mit hellen und schwarzen Flecken. Spannweite 60 mm. **Vorkommen:** Der Wolfsmilchschwärmer ist ein Wanderfalter, der bei uns recht unstet ist und eigentlich im Mittelmeerraum seine Heimat hat. Bei uns findet man ihn besonders in trockeneren, warmen Gebieten, wo er in 2 Generationen auftreten kann. Er fliegt im Frühjahr und Sommer. **Nahrung:** Die Falter saugen gerne an Blüten, die Raupen leben an Zypressenwolfsmilch. **Entwicklung, Lebensweise:** Die sehr bunten Raupen sind tags bei Sonnenschein an den Nahrungspflanzen aktiv. Wahrscheinlich ist die bunte Färbung eine Warnfarbe, die die Ungenießbarkeit anzeigen soll. Sie speichern wohl Giftstoffe aus der Futterpflanze, die sie für Vögel ungenießbar machen. Ähnliche Einrichtungen gibt es auch bei anderen Schmetterlingen bzw. deren Raupen.
Geschützt.

Mittlerer Weinschwärmer
Deilephila elpenor

Raupe

Schwärmer, Sphingidae. **Merkmale:** Die Vorderflügel sind rosa und olivgrün gefärbt, ebenso der Körper, die Hinterflügel rosa und schwärzlich. Spannweite 60–70 mm. **Vorkommen:** Diese Art ist recht häufig in Gärten und Parks und in offenem Gelände, wo die Falter in 1 Generation im Frühsommer in der Dämmerung und nachts fliegen. **Nahrung:** Die Falter besuchen gerne Blüten, besonders nachtduftende, und können schon in der Dämmerung beobachtet werden, wenn sie im Schwebeflug vor den Blüten in der Luft stehen. Die Raupe lebt an Labkraut, Weidenröschen und Fuchsien. **Entwicklung, Lebensweise:** Schwärmer haben sehr große Raupen, die bunt gefärbt und unbehaart sind und am Körperende ein gebogenes Horn tragen (vgl. Grafik). Sie sind jedoch völlig harmlos, ihr furchterregendes Aussehen ist nur Vortäuschung. Sie können aber ihre Nahrungspflanze kahlfressen. Die Raupe dieser Art trägt vorne zusätzlich augenartige Flecken, die ihr ein schlangenartiges Aussehen verleihen und eventuelle Angreifer, besonders Vögel, abschrecken können. Dieses Phänomen wird auch als Schlangenmimikry bezeichnet. Die glatte, braune Puppe überwintert in einer Erdhöhle, die die Raupe gräbt.

Pappelschwärmer

Laothoe populi

(Foto: Ruhehaltung)

Schwärmer, Sphingidae. **Merkmale:** Recht große Falter, deren Flügel am Außenrand wellig sind. Grundfarbe graubraun, mit mehr oder weniger grünlichen oder braunen Querbändern. Der Körper ist ebenso gefärbt. Die Hinterflügel sind an der Wurzel kupferfarbig getönt. Spannweite 60–90 mm. **Vorkommen:** Recht häufig in baumbestandenen Gebieten, wo die Nahrungspflanze vorkommt. In 2 Generationen von Mai bis September. **Nahrung:** Die Falter selbst nehmen keine Nahrung mehr zu sich, ihr Rüssel ist verkleinert und unbrauchbar geworden. Die Raupen leben an Pappeln und Weiden. **Entwicklung, Lebensweise:** Diese Art gehört zu den vielen Nachtfaltern, die keine Nahrung mehr zu sich nehmen. Ihre Mundwerkzeuge sind weitgehend verkümmert und ihr kurzes Leben wird durch die Speicherstoffe gewährleistet, die die Raupe eingelagert hat. Bemerkenswert ist auch die Ruhestellung dieser nächtlichen Tiere; sie spreizen die Hinterflügel seitlich ab, während die Vorderflügel schräg nach hinten gestellt werden. Zusammen mit der Färbung ergibt dies eine ausgezeichnete Tarnung.

Abendpfauenauge

Smerinthus ocellata

(Foto: Schreckhaltung)

Ruhehaltung

Schwärmer, Sphingidae. **Merkmale:** Recht große Falter mit grau, braun und violett gezeichneten Vorderflügeln und einem blau und schwarz geringelten Auge auf den sonst rötlichen Hinterflügeln. Der Körper ist bräunlich, und am Bruststück befindet sich auf dem Rücken ein dunkelbraunes Band. Spannweite 60–90 mm. **Vorkommen:** Eine recht häufige Art, die die gleichen Gebiete wie die vorhergende bewohnt, aber nur in 1 Generation im Frühsommer vorkommt. Die Tiere fliegen nachts. **Nahrung:** Während die Falter keine Nahrung mehr aufnehmen, fressen die Raupen an Pappeln und Weiden. **Entwicklung, Lebensweise:** Der tagsüber ruhende Falter verdeckt mit den Vorderflügeln die Augenzeichnungen der Hinterflügel (vgl. Grafik). Wird der Falter beunruhigt, so streckt er die Vorderflügel nach vorn und die Hinterflügel werden sichtbar. Der Angreifer erblickt die Augen und meint, einen großen Gegner vor sich zu haben; der Angriff wird unterbrochen. Hühner, denen man die Falter vorgelegt hat, reagieren in der angegebenen Weise. Solche Schrecktrachten bieten aber nur einen relativen Schutz.
Geschützt.

Taubenschwänzchen

Macroglossum stellatarum

Falter mit ausgestrecktem Rüssel

Schwärmer, Sphingidae. **Merkmale:** Die Farbe der Vorderflügel des kleinen Schwärmers ist graubraun, die der Hinterflügel gelbbraun. Spannweite 40–50 mm. **Vorkommen:** Diese Art ist in Mitteleuropa nicht heimisch, tritt aber als Wanderfalter in unregelmäßiger Häufigkeit auf. Er fliegt in mehreren Generationen im Sommer und Herbst und findet sich vor allem in offenem Gelände, nicht selten in Gärten. **Nahrung:** Der Falter ist ein eifriger Blütenbesucher, den man am Tage bei Sonnenschein an Blüten von Phlox, Ziertabak und anderen Arten beobachten kann. Die Raupe lebt besonders an Labkraut. **Entwicklung, Lebensweise:** Schwärmer setzen sich nie auf die Blüten, aus denen sie saugen. Sie stehen vielmehr wie Hubschrauber still in der Luft vor den Blüten und strecken ihre langen Rüssel in sie hinein, um an die Blütensäfte zu kommen. Dieser Vorgang wird durch die sehr schnellen Flügelschläge ermöglicht, die den Schwärmern auch eine große Fluggeschwindigkeit verleihen. Man hat Geschwindigkeiten von über 40 km pro Stunde gemessen. Es ist deshalb auch nicht verwunderlich, daß die Tiere große Strecken zurücklegen können.

Hummelschwärmer

Hemaris fuciformis

Schwärmer, Sphingidae. **Merkmale:** Die Flügel sind überwiegend glasig durchsichtig, da die Schuppen fehlen. Nur am Rand gibt es eine dunkelbraune Begrenzung. Gleich nach dem Schlüpfen sind alle Stellen noch mit Schuppen bedeckt, die aber nach dem ersten Flug verschwinden. Der Körper ist wie bei einer Hummel bräunlich, gelblich und schwarz geringelt. Spannweite 40–45 mm. **Vorkommen:** Die Art ist weit verbreitet und nicht selten in 1 Generation an Waldrändern und auf Wiesen. Sie fliegt im Frühsommer. **Nahrung:** Die Falter sind eifrige Blütenbesucher, die Raupe lebt am Geißblatt. **Entwicklung, Lebensweise:** Die Falter fliegen am Tage im Sonnenschein und sind durch ihr Aussehen und ihr Verhalten Hummeln recht ähnlich. Man erkennt sie aber daran, daß sie beim Saugen an den Blüten in der Luft stehen bleiben und sich nicht setzen, und daß sie ferner ein kaum hörbares, brummendes Geräusch erzeugen. Ihr Flugverhalten ist im Gegensatz zu den Hummeln auch sehr ruckartig. Wir haben es hier mit einer echten Mimikry zu tun, bei der ein wehrhaftes Tier, die Hummel, von einem unbewaffneten Tier, dem Schmetterling, nachgeahmt wird. Geschützt.

Kleines Nachtpfauenauge

Eudia pavonia

(Foto oben: Männchen, Foto unten: Weibchen)

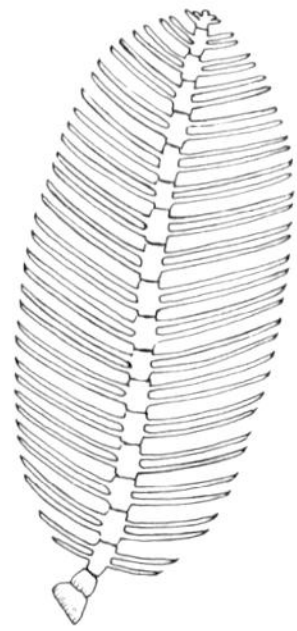

Fühler des Männchen, doppelt und lang gefiedert

Fühler des Weibchen, einfach und kurz gefiedert

Augenspinner, Saturniidae. **Merkmale:** Der große Falter trägt auf jedem Flügel ein mehrfach geringtes Auge und mehrere wellige Querbinden und Linien. Das kleinere Männchen (Foto oben) hat bräunlichere Vorderflügel und ockerfarbene Hinterflügel, während das größere Weibchen (Foto unten) ziemlich gleichmäßig grau gefärbt ist. Die Fühler des Männchens sind wesentlich länger gefiedert als die des Weibchens (s. Grafik). Spannweite 40–70 mm. **Vorkommen:** Die Art ist weit verbreitet und kommt nicht selten in offenem Gelände, in Mooren und lichten Wäldern vor. Die Falter fliegen in 1 Generation im Frühjahr. **Nahrung:** Die Falter nehmen keine Nahrung zu sich, ihre Mundwerkzeuge sind verkümmert, die Raupen leben auf vielerlei niedrigen Pflanzen und auf Büschen. **Entwicklung, Lebensweise:** Die Raupen (vgl. Fotos S. 14) fertigen zur Verpuppung einen birnenförmigen Kokon, den sie aus Gespinstfäden ihrer Spinndrüsen erzeugen. Dieses Material entspricht der echten Seide. In diesem Kokon wird eine nur nach außen öffenbare Reuse aus steifen Fäden vor der Mündung angebracht, so daß wohl der Falter später nach außen schlüpfen kann, ein Eindringen aber nicht möglich ist (vgl. Fotos S. 15). An sich können alle Schmetterlingsraupen spinnen, bei der Gruppe der sogenannten Spinner, zu der diese Art gehört, werden aber besonders umfangreiche Gespinste angefertigt, in denen die Puppe ruht, und die man Kokons nennt.

Die Geschlechter dieser Art sind recht verschieden. Die Männchen fliegen am Tage auf der Suche nach einer Partnerin. Diese sitzt irgendwo am Boden und verströmt einen Duftstoff, der ziemlich artspezifisch ist und über mehrere Kilometer vom Männchen mit den großen Fühlern wahrgenommen wird. Der Duftkonzentration folgend findet der Falter zu seinem Weibchen und gelangt zur Paarung. Ebenso erfolgt die Anlockung bei allen nachtfliegenden Arten. Die Augen der Falter dienen hier lediglich der Flugorientierung, ihre Partner erkennen sie damit nicht. Nach der Paarung fliegt das Weibchen nachts zur Eiablage. Mit seinen erheblich kleineren Fühlern riecht es wohl die als Raupennahrung geeigneten Pflanzen, kann aber den eigenen Duftstoff nicht wahrnehmen – wozu auch? Die Lebensdauer dieser Tiere ist sehr kurz, da sie als Falter keine Nahrung aufnehmen können und nur von Reserven aus dem Raupenstadium leben. Die Raupen sind deshalb recht groß. Die Puppe überwintert.

Geschützt.

Nagelfleck
Aglia tau

Augenspinner, Saturniidae. **Merkmale:** Große Falter mit gelbbrauner Färbung bei den Männchen, fahlgelber Färbung bei den etwas größeren Weibchen. Vor dem Flügelrand eine dunklere Binde, auf jedem Flügel ein blaues, schwarz geringtes Auge mit einem nagelförmigen, weißen Fleck darin. Spannweite 60–80 mm. **Vorkommen:** Die Art kommt in Buchenwäldern nicht selten vor und fliegt im Frühjahr, wenn das frische Laub austreibt. 1 Generation. **Nahrung:** Die Falter nehmen keine Nahrung zu sich, die Raupen leben an Buchen und auch an Birken. **Entwicklung, Lebensweise:** Die Männchen fliegen am Tage bei Sonnenschein durch die frischen Buchenwälder und suchen nach den Weibchen. Diese legen nach der Paarung ihre Eier auf die Stämme alter Buchen. Die kleinen Raupen müssen einen weiten Weg bis zu den Blättern der Bäume zurücklegen, um an ihre Nahrung zu gelangen. Sie tragen kleine, geweihförmige Dornen, sind später aber ganz glatt (s. Grafik). Zur Verpuppung kriechen sie zum Boden herab, wobei sich die vorher grünen Tiere violett verfärben, eine Schutzfarbe für den Weg auf den grauen Baumstämmen. Viele baumbewohnenden Raupen zeigen diese Farbveränderung, wenn sie zur Verpuppung zum Boden herunter kommen.
Geschützt.

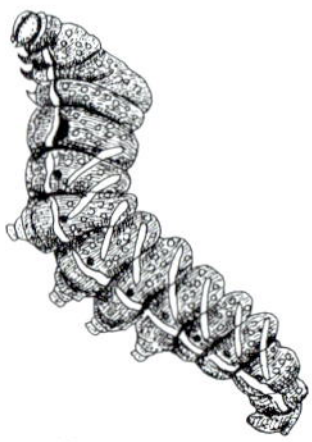

Raupe

Roseneule
Thyatira batis

Wollrückenspinner, Thyatiridae. **Merkmale:** Am Vorderflügel des mittelgroßen Falters stehen auf graubraunem Grund mehrere runde, rosa bis bräunlich gefärbte Flecken. Der Hinterflügel ist heller graubraun. Die Fühler sind einfach. Spannweite 30–40 mm. **Vorkommen:** Weit verbreitet und nicht selten in lichten Laubwäldern, wo die Falter nachts fliegen. **Nahrung:** Die Falter besuchen wahrscheinlich Blüten, da sie einen entwickelten Rüssel haben. Die Raupen leben unter anderem an Himbeeren und Brombeeren. **Entwicklung, Lebensweise:** Die Falter erscheinen im Frühjahr und im Spätsommer in 2 Generationen. Die Raupen leben zwischen eingesponnenen Blättern und verpuppen sich auch darin, wobei ein Kokon angefertigt wird.
Die heimische Fauna umfaßt eine Reihe weiterer Arten dieser Familie, die aber keine Ähnlichkeit mit der beschriebenen haben. Ihre Lebensweise unterscheidet sich nicht wesentlich von der angegebenen.

Eichenspinner

Lasiocampa quercus

(Foto oben: Männchen)

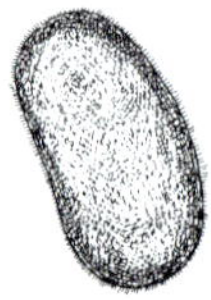

Kokon in dem die Puppe ruht

Glucken, Lasiocampidae. **Merkmale:** Große Falter mit gerundeten Flügeln. Das Männchen ist braun gefärbt, das größere Weibchen gelblich, beide mit einer gelben Binde und einem hellen Mittelpunkt am Vorderflügel. Die Fühler des Männchens sind wesentlich länger gekämmt. Spannweite 60–80 mm. **Vorkommen:** Die Art ist weit verbreitet und nicht selten in lichten Wäldern, auf Heiden und Mooren, im Sommer in 1 Generation. **Nahrung:** Die Falter nehmen keine Nahrung zu sich, die Raupe lebt an niedrigen Pflanzen und Zwergsträuchern wie Heidekraut, aber auch an Birken. **Entwicklung, Lebensweise:** Die Puppe liegt in einem festen, braunen, fast eiförmigen Kokon, den der Falter erst nach Öffnung eines Lochs verlassen kann (vgl. Grafik). Die Art weist mehrere Rassen mit unterschiedlicher Entwicklung auf, die als Raupe oder Puppe oder beides überwintern können und 1–2 Jahre brauchen, bis der Falter entsteht. Die Rassen sind zum Teil etwas unterschiedlich gefärbt und fliegen auch in verschiedenen Monaten. Das Männchen fliegt bei Tage in stürmischem Flug durch das Gelände, um Weibchen zu suchen, die dann nachts die Eiablage vornehmen.

Kiefernspinner

Dendrolimus pini

(Foto unten: Weibchen)

Glucken, Lasiocampidae. **Merkmale:** Große Falter mit recht variabler Färbung, von schwarz, grau bis braun und rotbraun. Ein heller Mittelpunkt und wellige Binden. Die Hinterflügel sind einfarbig. Die Weibchen sind erheblich größer. Spannweite 50–80 mm. **Vorkommen:** In Kiefernwäldern weit verbreitet und nicht selten, gelegentlich sehr zahlreich als Schädling. Im Hochsommer in 1 Generation. **Nahrung:** Die Falter nehmen keine Nahrung zu sich, die Raupen leben an verschiedenen Kiefernarten. **Entwicklung, Lebensweise:** Die halbwüchsige Raupe überwintert in einem Gespinst am Boden. Die erwachsene Raupe verpuppt sich in einem Gespinst in den Zweigspitzen. In früheren Jahren war die Art ein gefürchteter Schädling in Kiefernwäldern, da die Raupen bei starkem Auftreten Kahlfraß verursachten und dadurch das Wachstum der Bäume stark beeinträchtigten. Heute hat die moderne Schädlingsbekämpfung die Massenvermehrung gut im Griff und Schäden treten nur noch selten auf. Dazu kann beitragen, daß Schmetterlinge in unserer Heimat überhaupt stark zurückgehen. Ursache hierfür mag vor allem die starke Luftverschmutzung sein, die sich überall auf die Vegetation niederschlägt und giftig wirkt.

Brombeerspinner

Macrothylacia rubi

(Foto: Männchen)

Eigelege

Glucken, Lasiocampidae. **Merkmale:** Das Männchen des großen Falters ist braun, mit gelblichen Querbinden, das größere Weibchen grau, mit helleren Binden. Die Hinterflügel sind einfarbig braun. Spannweite 50–70 mm. **Vorkommen:** Weit verbreitet und nicht selten auf Waldwiesen, Heiden und Buschland in 1 Generation im Sommer. **Nahrung:** Die Falter nehmen keine Nahrung zu sich, die überwinternde Raupe lebt an vielerlei Kräutern und niederen Sträuchern. Sie überwintert im letzten Stadium und nimmt im folgenden Frühjahr keine Nahrung mehr zu sich, bevor sie sich verpuppt. **Entwicklung, Lebensweise:** Aus der Puppe, die in einem Gespinst am Boden liegt, schlüpfen die Falter, und die Männchen beginnen ihren Suchflug nach den Weibchen am Tage. Die Weibchen sind sehr viel träger und fliegen nur nachts. Die Eier kleben sie in kleinen Klumpen an Grashalme (s. Grafik), und man kann diese recht leicht finden, da sie groß und auffällig sind. Die dunkelbraunen, gelb gebänderten Raupen sind im Spätsommer oft recht häufig, erhalten aber nach der letzten Häutung eine mehr rotbraune Färbung und sind nach der Überwinterung wesentlich seltener, da viele im Winter zugrunde gehen.

Weißer Sichelflügel

Drepana falcataria

Raupe mit typischem Körperende

Sichelflügler, Drepanidae. **Merkmale:** Kleine Falter mit sichelförmig ausgezogenen Flügelspitzen bräunlicher Färbung und zahlreichen feinen, meist welligen Querlinien. Die Fühler sind beim Männchen gefiedert, das Weibchen ist etwas größer und heller gefärbt. Spannweite 25–35 mm. **Vorkommen:** Weit verbreitet und nicht selten in lichten Wäldern und Buschbeständen in 2 Genrationen im Früh- und Spätsommer. **Nahrung:** Die Raupen leben an Birken und Erlen. **Entwicklung, Lebensweise:** Die Raupen der Sichelflügel haben weniger Beinpaare als sonst Schmetterlingsraupen: Das Beinpaar am Hinterleibsende ist zu einer Spitze umgewandelt, die nach hinten gestreckt ist (vgl. Grafik). Die Raupen verpuppen sich zwischen zusammengezogenen Blättern. Die Falter haben verkümmerte Mundwerkzeuge und nehmen keine Nahrung mehr auf. Sie fliegen nachts und ruhen am Tage meist unter Blättern mit flach ausgebreiteten Flügeln.

Die heimische Fauna umfaßt mehrere ähnliche Arten mit ebensolcher Lebensweise, die oft nicht leicht zu unterscheiden sind. Die Tiere werden leicht mit Spannern verwechselt.

Blausieb
Zeuzera pyrina

(Foto oben)

Holzbohrer, Cossidae. **Merkmale:** Mittelgroße, weiße Falter, die mit zahlreichen stahlblauen kleinen Flecken überstreut sind. Die gefiederten Fühler sind kurz. Das Weibchen ist deutlich größer. Spannweite 30–80 mm. **Vorkommen:** Weit verbreitet in lichten Laubwäldern, Parks und Obstanlagen, nach Süden häufiger. 1 Generation im Sommer. **Nahrung:** Die Falter nehmen keine Nahrung zu sich, die Raupen leben im Holz von Laubbäumen und brauchen zwei Jahre zur Entwicklung. Sie können durch ihren Fraß in Obstbäumen schädlich werden. **Entwicklung, Lebensweise:** Die nächtlich aktiven Falter legen ihre Eier auf die Rinde der Nahrungsbäume, durch die sich die Raupen einbohren.

Weidenbohrer
Cossus cossus

(Foto unten links)

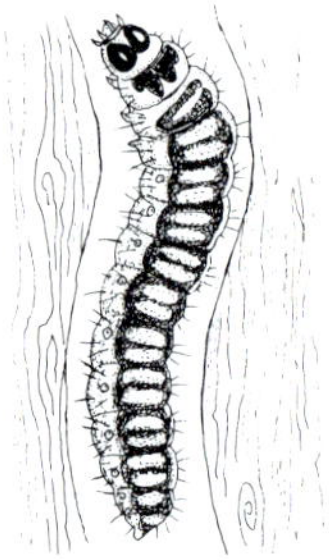

Raupe im Bohrgang

Holzbohrer, Cossidae. **Merkmale:** Große Falter mit einer rindenartig düsteren, grauen Färbung. Ihr Körper ist sehr mächtig. Spannweite 70–90 mm. **Vorkommen:** Weit verbreitet und nicht selten um Weiden- und Pappelbestände. In 1 Generation im Sommer. **Nahrung:** Die Falter nehmen keine Nahrung zu sich. Die Raupen (Grafik), die sehr kräftig sind, haben eine fleischrote Farbe und strömen einen starken, essigartigen Geruch aus. Sie leben im Holz von Pappeln und Weiden. **Entwicklung, Lebensweise:** Holz enthält als Nahrung wenig Nährstoffe und so brauchen die Raupen zwei Jahre zur Entwicklung. Sie bohren dabei fingerdicke Gänge quer durch das Holz. Sie sind öfter zu beobachten als die nächtlich aktiven Falter, da sie vor der Verpuppung auf der Suche nach einem Verpuppungsplatz weit herumlaufen.

Hopfen-Wurzelbohrer
Hepialus humuli

(Foto unten rechts: Weibchen)

Wurzelbohrer, Hepialidae. **Merkmale:** Das Männchen der mittelgroßen Art ist silberweiß gefärbt, das abgebildete Weibchen ist gelblich mit braunen Zeichnungen. Die Fühler dieser Art sind sehr kurz. Spannweite 50–65 mm. **Vorkommen:** Weit verbreitet und nicht selten auf Grasland und Kulturen. In 1 Generation im Sommer. **Nahrung:** Die Falter nehmen keine Nahrung zu sich, die Raupen leben unterirdisch an den Wurzeln verschiedener Pflanzen. **Entwicklung, Lebensweise:** Die Männchen schwärmen am Abend und führen eigenartige Pendelflüge auf. Kommt ein Weibchen vorbei, so wird es von einem Männchen im Fluge ergriffen, es kommt zur Paarung. Die kleinen Eier werden im Flug in großer Zahl ausgestreut.

Es gibt noch einige andere Arten, die bei uns gelegentlich auftreten und eine ähnliche Lebensweise haben.

Hornissen-schwärmer

Sesia apiformis

(Foto oben)

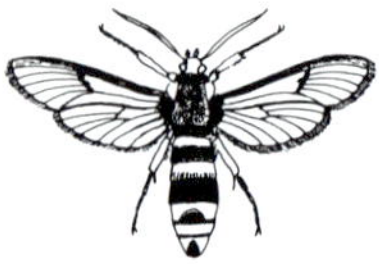

Glasflügler, Sesiidae. **Merkmale:** Kleinere Falter mit schmalen, glasigen Flügeln (s. auch Grafik), die nur wenige gelbe Zeichnungen aufweisen. Der Körper ist gelb und schwarz geringelt und erinnert an eine Hornisse. Spannweite 30–40 mm. **Vorkommen:** Weit verbreitet und nicht selten in Pappelbeständen. 1 Generation im Sommer. **Nahrung:** Die Falter besuchen Blüten, besonders solche von Doldenblütlern, die Raupe lebt im Holz von Pappeln. **Entwicklung, Lebensweise:** Wie bei vielen bohrenden Arten braucht auch hier die Raupe zwei Jahre zur Entwicklung. Sie bohrt dabei lange Gänge durch das Holz. Vor der Überwinterung bereitet sie unter der Rinde eine Kammer, in der sie liegt. Die Falter fliegen am Tage und werden manchmal mit Hornissen verwechselt.

Wespen-glasflügler

Synanthedon vespiformis

(Foto unten links)

Glasflügler, Sesiidae. **Merkmale:** Kleiner als die vorhergehende Art; mit glasigen Flügeln, die dunkle Spitzen aufweisen und als besonderes Merkmal einen roten Queraderfleck. Der Hinterleib ist schwarz, mit gelben Ringen unterschiedlicher Breite und einem Büschel gelber und schwarzer Schuppen am Ende. Die Beine sind gelb und schwarz geringelt. Spannweite 25 mm. **Vorkommen:** Verbreitet, aber nicht häufig von Mai bis August. **Nahrung:** Die Falter findet man gelegentlich an Blüten; die Raupen leben bohrend in Eichen, seltener in Buchen und Pappeln. **Entwicklung, Lebensweise:** Die Entwickung der Raupe dauert 2 Jahre. Die Falter fliegen am Tage, werden aber leicht übersehen, da sie bei ihrem Blütenbesuch mit anderen Insekten verwechselt werden.

Pfeileule

Acronicta psi

(Foto unten rechts)

Raupe

Eulenfalter, Noctuidae. **Merkmale:** Ein mittelgroßer, grauer Falter mit kleinen, gabelförmigen Zeichen, die dem griechischen Psi gleichen. Die Hinterflügel sind ungezeichnet, die Fühler einfach, fadenförmig. Spannweite 40–50 mm. **Vorkommen:** Weit verbreitet und nicht selten in 2 Generationen im Frühjahr und Spätsommer in offenem, baumbestandenem Gebiet. **Nahrung:** Die Raupe lebt an Obst- und verschiedenen Laubbäumen. **Entwicklung, Lebensweise:** Die sehr bunte Raupe ist gelb, schwarz, rot und weiß gebändert und gefleckt und trägt einen zapfenartigen Vorsprung auf dem Rücken (s. Grafik). Die Puppe liegt in einem Gespinst und überwintert. Es gibt noch zwei weitere einheimische Arten, die sehr ähnlich sind und die man deshalb nur schwer unterscheiden kann.

Ypsiloneule

Agrotis ipsilon

(Foto oben: Männchen)

Eulenfalter, Noctuidae. **Merkmale:** Ein mittelgroßer Falter mit braunen Vorderflügeln, in denen dunkle Ring-, Nieren- und Zapfenflecken stehen, also eine typische Eulenfalterzeichnung. Die Hinterflügel sind hellgrau, mit dunkleren Adern. Fühler kurz gekämmt (♂) oder einfach (♀). Spannweite 50 mm. **Vorkommen:** Die Art ist überall verbreitet und streift als Wanderfalter weit herum. Ihre Verbreitung ist fast weltweit. Sie bevorzugt offenes Gelände. **Nahrung:** Die Falter besuchen Blüten, die Raupe lebt an Wurzeln von Gräsern und Kräutern und kann bei starker Vermehrung schädlich werden. **Entwicklung, Lebensweise:** Die aus Süden zugeflogenen Falter pflanzen sich bei uns fort und die Nachkommen versuchen im Herbst zurückzuwandern oder zu überwintern. Beides gelingt in unserem Klima selten.

Hausmutter

Noctua pronuba

(Foto unten links)

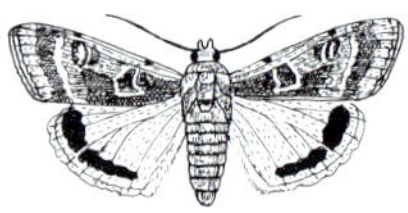

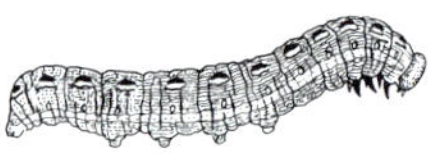

Raupe

Eulenfalter, Noctuidae. **Merkmale:** Die Vorderflügel sind grau, braun oder gelbgrün, mit Flecken, die meist hell umzogen sind. Die Hinterflügel sind leuchtend gelb mit einem dunklen Saumband (s. Grafik). Spannweite 40–60 mm. **Vorkommen:** Überall recht häufig im Sommer. Die Falter dringen nachts gerne in Häuser ein, um dann dort tagsüber zu ruhen. Das hat ihnen ihren Namen eingetragen. **Nahrung:** Die Falter besuchen gerne Blüten, die Raupen leben überwinternd an vielerlei niedrigen Pflanzen. **Entwicklung, Lebensweise:** Die im Frühjahr erwachsene Raupe (Grafik) verpuppt sich in einer Erdhöhle. Die Falter haben eine sehr lange Lebensdauer, da sie die heißen Monate in einer Ruhepause überdauern. Ihre gelben Hinterflügel bilden wahrscheinlich eine Schrecktracht.

Weißrandige Erdeule

Ochropleura plecta

(Foto unten rechts)

Eulenfalter, Noctuidae. **Merkmale:** Ein kleinerer Falter mit rotbraunen Vorderflügeln, die am Vorderrand einen hellen Streifen aufweisen, helle Ring- und Nierenflekken und eine schwärzliche Verdunkelung zwischen diesen. Die Hinterflügel sind weißlich, mit etwas dunkleren Adern. Spannweite 30–35 mm. **Vorkommen:** Weit verbreitet und nicht selten, mit 2 Generationen, meist in offenem Gelände. **Nahrung:** Die Falter besuchen Blüten, die Raupen leben an vielerlei niedrigen Pflanzen. **Entwicklung, Lebensweise:** Meist überwintern die Puppen dieser Art. Die Raupen halten sich tagsüber am Boden verborgen. Die deshalb als Erdeulen bezeichnete Gruppe umfaßt eine Reihe von Arten, die früher als landwirtschaftliche Schädlinge auftraten.

Trapezeule

Cosmia trapezina

(Foto oben links)

Raupe

Eulenfalter, Noctuidae. **Merkmale:** Eine kleine, hell graubraune Eule mit zwei gebogenen, dunklen Querlinien, Ring- und Nierenflecken, die im unteren Teil dunkel ausgefüllt sind. Die Hinterflügel sind hellgrau, im hinteren Teil dunkel. Spannweite 30–35 mm. **Vorkommen:** Weit verbreitet und nicht selten in baumbestandenem Gelände, in 1 Generation im Sommer. **Nahrung:** Die Raupe lebt an Eichen, ist aber eine sogenannte Mordraupe, die in Gefangenschaft andere Raupen angreift, ihnen Wunden zufügt und sie aussaugt. Dieses Verhalten gibt es auch bei einigen anderen Eulenarten. **Entwicklung, Lebensweise:** Bei dieser Art überwintert das Ei. Die Raupe, die grün gefärbt ist und hellere, dunkel gesäumte Längslinien aufweist (s. Grafik), lebt auf Bäumen, kommt aber zur Verpuppung zum Boden herunter.

Meldeneule

Trachea atriplicis

(Foto oben rechts)

Eulenfalter, Noctuidae. **Merkmale:** Eine mittelgroße Eule mit grünen Vorderflügeln, die durch bräunlichviolette und weißliche Zeichnungen unterbrochen sind. Hervorzuheben ist das helle Zeichen unter dem großen Nierenfleck. Die grauen Hinterflügel sind zum Rand hin verdunkelt. Spannweite 45 mm. **Vorkommen:** Verbreitet und nicht selten in 1 Generation im Sommer, im Süden gelegentlich eine 2. im Spätsommer. In offenem Gelände. **Nahrung:** Die Raupe lebt an krautigen Pflanzen, besonders Melde, Ampfer, Winde und Knöterich. **Entwicklung, Lebensweise:** Bei dieser Art überwintert die Puppe in einer Erdhöhle. Die grüne Farbe des Falters ist eine Tarnung, wenn er tagsüber in der Vegetation ruht.

Pilzeule

Parascotia fuliginaria

(Foto unten)

Eulenfalter, Noctuidae. **Merkmale:** Eine kleine, breitflügelige, graue Eule mit helleren, welligen Querlinien, die dadurch ein spannerartiges Aussehen hat. Die Fühler des Männchens sind gekämmt, die des Weibchens gesägt. Spannweite 25 mm. **Vorkommen:** Verbreitet, aber nicht häufig in 1 Generation im Sommer. Sie kommt überall dort vor, wo die Nahrungspflanzen zu finden sind. **Nahrung:** Die Raupe lebt an Pilzen auf moderndem Holz, auf Flechten und Algen an feuchten Stellen. **Entwicklung, Lebensweise:** Durch die besondere Nahrungswahl kommt die Art auch im Bereich des Menschen vor. So findet sie sich zum Beispiel in feuchten Kellern ebenso wie an modernden Holzstapeln im Wald.

Klee-Bunteule

Callistege mi

(Foto oben links)

Eulenfalter, Noctuidae. **Merkmale:** Eine kleine, breitflügelige Eule mit dunkler, grauer Grundfarbe und weißen Flecken sowie gekrümmten Linien. Auf den Hinterflügeln ist die Flecken- und Bindenzeichnung etwas gelblich. Die Fransen der Flügel sind hell-dunkel gescheckt. Spannweite 30 mm. **Vorkommen:** Überall auf trockenen Wiesen in 2 Generationen den ganzen Sommer über. **Nahrung:** Die Falter besuchen gerne Blüten, die Raupen leben an krautigen Pflanzen, meist Schmetterlingsblütler und Ampfer. **Entwicklung, Lebensweise:** Bei dieser Art überwintert die Puppe. Die Falter fliegen am Tage bei Sonnenschein. Ebenso auffallend ist die gelbliche **Braune Bunteule** *(Ectypa glyphica)*, die oft an den gleichen Stellen zu finden ist.

Wollkrautmönch

Cucullia verbasci

(Foto oben rechts)

Raupe

Eulenfalter, Noctuidae. **Merkmale:** Eine mittelgroße, schmalflügelige Art mit hellbrauner Grundfarbe, die an Vorder- und Hinterrand verdunkelt ist. Zeichnungen sind nur schwach entwickelt. Charakteristisch ist die kapuzenförmige Behaarung auf dem Rücken, die an Kopfbedeckungen von Mönchen erinnert. Spannweite 45 mm. **Vorkommen:** Nicht selten in der Umgebung ihrer Nahrungspflanzen in 1 Generation im Frühsommer. **Nahrung:** Die Raupen leben an Königskerzen, sind am Tage leicht zu finden und fallen durch ihre Buntheit auf (vgl. Grafik). **Entwicklung, Lebensweise:** Es gibt sehr ähnliche Arten bei uns, die schwer zu unterscheiden sind. Dagegen sind die glatten, bunten Raupen sehr unterschiedlich gefärbt und leicht zu erkennen.

Geschützt.

Achateule

Phlogophora meticulosa

(Foto unten)

Eulenfalter, Noctuidae. **Merkmale:** Diese ziemlich große Art hat am Vorderflügel einen charakteristisch gebogenen Außenrand, die Grundfarbe ist gelbbraun und darin stehen v-förmige, dunklere Zeichnungen, die aus Querbändern gebildet werden. Die Hinterflügel sind heller, mit nur schwachen Querlinien. Spannweite 50 mm. **Vorkommen:** Diese Art ist ein Wanderfalter, der bei uns nur bedingt bodenständig ist. Der Einflug aus dem Süden erfolgt im Frühsommer. Die nächste Generation im Spätsommer wandert teilweise zurück. In offenem Gelände; kann selbst Balkonkästen besiedeln. **Nahrung:** Die Raupe lebt an vielen krautigen Pflanzen. **Entwicklung, Lebensweise:** Als Wanderfalter ist die Art sehr unbeständig und nicht besonders spezialisiert.

Rotes Ordensband
Catocala nupta

(Foto: Schreckhaltung)

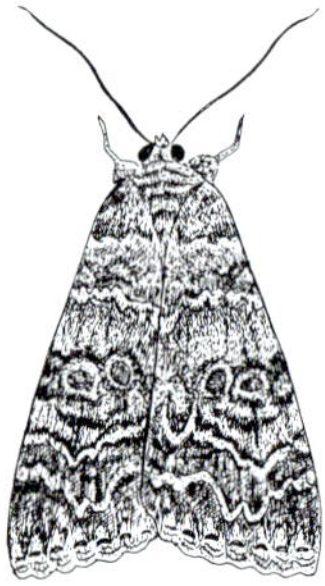

Ruhestellung

Eulenfalter, Noctuidae. **Merkmale:** Ein großer Falter mit rindenartig gezeichneten grauen Vorderflügeln und roten Hinterflügeln, die dunkle Bänder aufweisen und weiße Fransen. Spannweite 70–80 mm. **Vorkommen:** Verbreitet und nicht selten in Gebüschen und Wäldern in 1 Generation im Spätsommer und Herbst. **Nahrung:** Die Falter lieben besonders gärende Säfte und Obst und können damit leicht geködert werden. Die Raupen leben an Weiden und Pappeln. **Entwicklung, Lebensweise:** Die Eier überwintern; die großen Raupen sind wie Zweige gefärbt und geformt und dadurch gut geschützt. Ebenso gut getarnt sind die Falter, wenn sie mit zusammengefalteten Flügeln an Baumstämmen ruhen (s. Grafik). Die bunten Hinterflügel sind dann nicht sichtbar. Wird ein solches Tier aber beunruhigt, so schlägt es blitzschnell die Vorderflügel nach vorn und die bunten Hinterflügel werden sichtbar. Der unerwartete Anblick erschreckt den Angreifer, er zögert und das Tier hat die Möglichkeit zu flüchten. Das geschieht mit sehr raschem Flug. Färbungen, die mit solchem Verhalten verbunden sind, nennt man Schrecktrachten.
Geschützt.

Blaues Ordensband
Catocala fraxini

(Foto: Schreckhaltung)

Raupe

Eulenfalter, Noctuidae. **Merkmale:** Unser größter Eulenfalter mit rindenartig grauen Vorderflügeln und blau gebänderten Hinterflügeln mit weißen Fransen. Spannweite über 100 mm. **Vorkommen:** In Gehölzen, Parks und Auwäldern nicht selten in 1 Generation in Spätsommer und Herbst. **Nahrung:** Wie die vorhergehende liebt auch diese Art süße, gärende Stoffe und Obst. Die Sammler machen sich das zunutze und locken die Tiere mit solchen Stoffen, die sie an Baumstämme streichen. Auch Honiggemische werden verwendet. Die Raupe lebt an Eschen. **Entwicklung, Lebensweise:** Entsprechend der Größe des Tieres werden die Raupen (Grafik), die aus überwinternden Eiern stammen, sehr groß. Sie sind aber gut getarnt und schwer zu finden. Das Verhalten entspricht der vorhergehenden Art. Es gibt bei uns noch andere Arten von Ordensbändern, die meist rote Hinterflügel aufweisen. Einige haben aber auch gelbe Hinterflügel und in Nordamerika, wo besonders viele Arten vorkommen, gibt es auch weiße. Ordensbänder sind sehr scheue Tiere und können kaum mit Licht gefangen werden.
Geschützt; gefährdet.

Gammaeule
Autographa gamma

(Foto oben)

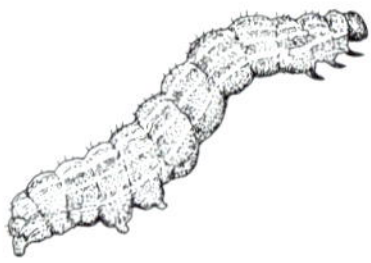

Raupe

Eulenfalter, Noctuidae. **Merkmale:** Ein mittelgroßer Nachtfalter mit grau und braun marmorierten Vorderflügeln, die ein silbrigweißes Zeichen tragen, das wie ein griechisches Gamma aussieht. Die Hinterflügel sind grau, mit verdunkeltem Rand. Spannweite 35 mm. **Vorkommen:** Ein Wanderfalter, der im Sommer und Herbst recht häufig ist und vor allem in offenem Gelände, etwa Gärten, zu sehen ist, wo er auch am Tage fliegt. **Nahrung:** Die Falter besuchen gerne Blüten. Die Raupen leben verborgen an vielen krautigen Pflanzen. **Entwicklung, Lebensweise:** Die Entwicklung erfolgt in mehreren Generationen, die bei uns eingewanderten Tiere scheinen aber den Winter nicht überdauern zu können. Die Raupen der Metalleulen haben weniger Beinpaare als andere Raupen (s. Grafik).

Messingeule
Diachrysia tutti

(Foto unten links)

Eulenfalter, Noctuidae. **Merkmale:** Eine kleinere Art, deren Vorderflügel auf bräunlichem Grund gelbgrün glänzende, messingfarbene Querbänder aufweisen und der Art den Namen gegeben haben. Wie alle metallisch glänzenden Farben bei Schmetterlingen entstehen diese auch hier nicht durch Farbpigmente, sondern durch Lichtreflexe entsprechender Wellenlängen (vgl. S.38). Die Hinterflügel sind einfarbig bräunlich. Spannweite 35 mm. **Vorkommen:** Weit verbreitet und nicht selten in offenem Gelände in 2 Generationen, die im Verlauf des Sommers erscheinen, im Süden noch später, bis in den Herbst hinein. **Nahrung:** Die Falter sind eifrige Blütenbesucher, die Raupen leben verborgen an verschiedenen niederen Pflanzen. **Entwicklung, Lebensweise:** Die Raupe verpuppt sich in einem lockeren Gespinst, das zwischen Pflanzenteilen angefertigt wird. Geschützt.

Zackeneule
Scoliopteryx libatrix

(Foto unten rechts)

Eulenfalter, Noctuidae. **Merkmale:** Die Ränder der Vorderflügel dieser Art sind gezackt und haben ihr den Namen eingetragen. Sie sind sonst rotbraun und gelblich gefärbt und tragen hellere und dunklere Querlinien. Die Hinterflügel sind einfarbig graubraun. Spannweite 40 mm. **Vorkommen:** Weit verbreitet und nicht selten in baumbestandenem Gelände in 2 Generationen das ganze Jahr hindurch, da die Falter überwintern. **Nahrung:** Die Falter besuchen gerne Früchte, die sie mit ihrem harten Rüssel anstechen, die Raupe lebt an Weiden und Pappeln. **Entwicklung, Lebensweise:** Die Art gehört einer Gruppe an, die besonders in den Tropen verbreitet ist.

Grünes Blatt

Geometra papilionaria

(Foto oben)

Raupe

Spanner, Geometridae. **Merkmale:** Eine recht große, breitflügelige Art mit grünen Flügeln, die von feinen, weißlichen und welligen Querlinien durchzogen sind. Der Körper ist ebenfalls grün. Spannweite 45–50 mm. **Vorkommen:** In lichten Wäldern weit verbreitet und nicht selten. Sie fliegt im Sommer in 1 Generation. **Nahrung:** Die Raupe lebt im Frühjahr an Birken, aber auch an anderen Laubbäumen. **Entwicklung, Lebensweise:** Bei dieser Art überwintert das Ei. Die grünliche Raupe hat die typische Spannergestalt, von den Beinen des Hinterleibs sind die beiden vorderen Paare rückgebildet. Wie bei vielen Spannerraupen gibt die zweigförmige Gestalt eine ausgezeichnete Tarnung (s. Grafik). Auch die grüne Farbe des Falters ist eine ausgezeichnete Schutztracht.

Johanniskrautspanner

Aplocera praeformata

(Foto unten links)

Spanner, Geometridae. **Merkmale:** Ein mittelgroßer, hellgrauer Spanner, dessen Vorderflügel von dunkleren, welligen Querlinien überzogen ist. Diese sind am Vorderrand teilweise durch dunkle Flecken verbunden. Die Hinterflügel sind einfarbig hellgrau. Spannweite 35 mm. **Vorkommen:** An warmen, trockenen Stellen, in den Alpen weit verbreitet und oft häufig. In bis zu 3 Generationen. **Nahrung:** Die Raupe lebt an Johanniskraut. **Entwicklung, Lebensweise:** Dieser Spanner gehört zu den Arten, die man in den Alpen öfter beobachten kann. Er sitzt zwar tagsüber mit flach ausgebreiteten Flügeln an Baumstämmen und Felsen, kann aber von einem aufmerksamen Beobachter leicht erkannt werden und fliegt bei Störungen plötzlich weg.

Dunkelbrauner Haarbuschspanner

Eulithis prunata

(Foto unten rechts)

Spanner, Geometridae. **Merkmale:** Dieser mittelgroße Spanner trägt auf dem Vorderflügel ein breites, dunkelbraunes Band, das sehr wellig begrenzt ist. Daneben gibt es noch mehrere dunkel und hell wellige Querlinien. Die Hinterflügel sind heller und nur schwach mit welligen Querlinien gezeichnet. Viele andere Spannerarten haben eine sehr ähnliche Zeichnung; sie sind deshalb oft nur sehr schwer zu unterscheiden. Spannweite 35–40 mm. **Vorkommen:** Im Sommer im Waldland in 1 Generation weit verbreitet und nicht selten. **Nahrung:** Die Raupe lebt an Johannisbeeren, Schlehen, Eichen und anderen Büschen. **Entwicklung, Lebensweise:** Das Ei überwintert, die Raupe verpuppt sich zwischen zusammengesponnenen Blättern. Die Falter kann man am Tage in der Vegetation finden, wo sie mit ausgebreiteten Flügeln sitzen.

Schwarzgefleckter Blattspanner

Cosmorhoe ocellata

(Foto oben links)

Spanner, Geometridae. **Merkmale:** Vorderflügel weiß, mit bleigrauen Beimischungen; Wurzel- und Mittelfeld schwärzlich, braun begrenzt, mit hellen welligen Querlinien und einem dunklen Zellfleck; Hinterflügel weiß; Fühler einfach. Spannweite 25 mm. **Vorkommen:** Weit verbreitet und nicht selten in offenem Gelände. In 1–2 Generationen von Mai bis August. **Nahrung:** Die Raupe lebt an Labkraut. **Entwicklung und Lebensweise:** Die Raupe überwintert. Die Falter sind nachts aktiv.

Ockergelber Blattspanner

Camptogramma bilineatum

(Foto oben rechts)

Spanner, Geometridae. **Merkmale:** Ein kleiner Spanner mit ockergelber Grundfarbe, die auf beiden Flügeln von welligen weißen und dunklen Querlinien durchzogen ist. Fühler einfach. **Vorkommen:** Weit verbreitet und nicht selten in baumbestandenem und offenem Gelände. Von Mai bis August in 1 Generation. **Nahrung:** Die Raupe lebt an vielen verschiedenen krautigen Pflanzen. **Entwicklung, Lebensweise:** Die Raupe überwintert. Die nachts aktiven Falter ruhen tags in der Vegetation und lassen sich leicht aufscheuchen.

Rotgebänderter Labkrautspanner

Catarhoe rubidata

(Foto unten links)

Spanner, Geometridae. **Merkmale:** Vorderflügel ziegelrot, Flügelwurzel schwarz; Mittelfeld schwärzlich und grau, in der Mitte und außen mit dunklen, welligen Linien, Saumfeld grau; Hinterflügel rötlichgrau, nur mit schwachen Linien. Fühler einfach. **Vorkommen:** Weit verbreitet und nicht selten in Gehölzen. In 1–2 Generationen von März bis September. **Nahrung:** Die Raupe lebt an Labkräutern. **Entwicklung, Lebensweise:** Die Raupe verpuppt sich in einer Erdhöhle und die Puppe überwintert. Die Falter sind nachts aktiv.

Grüner Nesselspanner

Colostygia pectinataria

(Foto unten rechts)

Spanner, Geometridae. **Merkmale:** Vorderflügel hellgrün, mit welligen und gezähnten, dunklen, weiß gesäumten Querlinien, die am Vorderrand mit dunklen Flecken beginnen; Hinterflügel hellgrau; Fühler einfach. **Vorkommen:** Weit verbreitet und nicht selten auf feuchten Böden in Gehölzen und auf offenem Gelände. In 1–2 Generationen von Mai bis Oktober. **Nahrung:** Die Raupe lebt an Laubkräutern und Nesseln. **Entwicklung, Lebensweise:** Die Raupe überwintert und verpuppt sich im folgenden Jahr wie viele der zahlreichen Arten der Gruppe Blattspanner in einem Kokon in der Erde. Die nachts aktiven Falter ruhen am Tage mit ausgebreiteten Flügeln an Blättern.

Großer Frostspanner

Erannis defoliaria

(Foto oben: Männchen
Foto unten: Weibchen)

Spanner, Geometridae. **Merkmale:** Die mittelgroßen, breitflügeligen Männchen (Foto oben) haben hell bräunliche Flügel, die von dunkleren Binden durchzogen sind und eine feine dunkle Sprenkelung aufweisen. Die Hinterflügel sind heller und nur fein gesprenkelt. Spannweite 40 mm. Die Weibchen (Foto unten) haben völlig reduzierte Flügel und sehen eigentlich nicht wie Schmetterlinge aus. Lediglich die langen Beine und fadenförmigen Fühler weisen darauf hin. Das Tier selbst ist hellgrau, mit schwärzlichen Punkten. Körperlänge 10–15 mm. **Vorkommen:** Die Falter erscheinen im Spätherbst und Winter in 1 Generation in Laubwäldern, Parks und Gärten. Sie sind stellenweise recht häufig und gelegentlich an Obstbäumen schädlich. **Nahrung:** Während die Falter keine Nahrung zu sich nehmen, fressen die Raupen an verschiedenen Laubbäumen einschließlich Obstbäumen. **Entwicklung, Lebensweise:** Die Tiere treten im späten Jahr erst nach Frosteinwirkung auf, was für sie als Entwicklungsanreiz wirkt, und haben davon den Namen erhalten. Die flügellosen Weibchen, die natürlich nicht fliegen können, steigen an den Baumstämmen empor, werden hier befruchtet und legen ihre Eier an die Nahrungspflanzen ab. Geschieht dies an kultivierten Bäumen, so ist mit größeren Schäden zu rechnen, wenn die Raupen im folgenden Jahr die Blätter dieser Bäume zerstören. Man versucht deshalb mit Leimringen, die um den Stamm gelegt werden, die emporkletternden Tiere zu fangen, die daran kleben bleiben. Heute wird allerdings eine wesentlich einfachere Methode mit versprühten Insektengiften verwendet, die jedoch sehr viele andere Insekten mit einschließt und sie vernichtet. Man muß das als bedeutenden, unkontrollierten Eingriff in das Gleichgewicht der Natur betrachten. Nachdem im Frühsommer die Raupen ihre Reife erlangt haben, lassen sie sich an langen Fäden zu Boden und verpuppen sich darin in kleinen Erdhöhlen. Der erste Frost bewirkt dann das Schlüpfen der Falter.

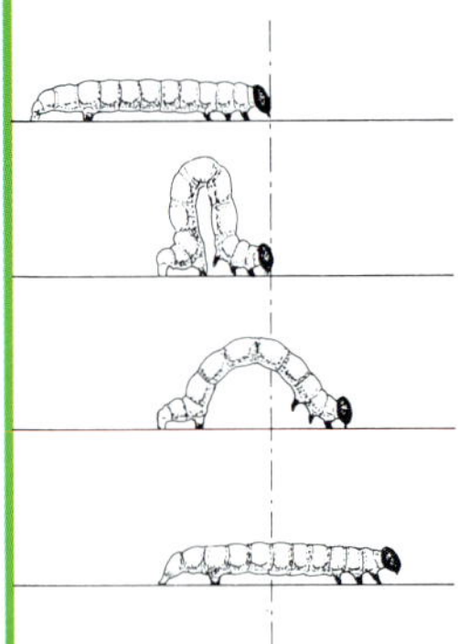

Bewegungsablauf bei einer Spannerraupe

Spannerraupen haben 2 Beinpaare weniger am Hinterleib und eine eigene Methode der Fortbewegung entwickelt (vgl. Grafik). Im gestreckten Zustand klammern sie sich zunächst mit den Brustbeinen fest und schieben die hinteren Beinpaare nach vorn. Dabei wird der Körper bogenartig nach oben gekrümmt. Nun klammern sie sich mit den hinteren Beinpaaren fest und schieben den Körper nach vorn, um so wieder den gestreckten Zustand zu erreichen usw.

Schlehenspanner
Angerona prunaria

dunkle Farbvariante

Spanner, Geometridae. **Merkmale:** Der ziemlich große Spanner ist in seiner Färbung sehr variabel, von blaß ledergelb bis orangerot. Gewöhnlich finden sich zahlreiche feine dunkle Querstreifen, besonders bei den Männchen, die immer dunkler gefärbt sind. Die dunkle Farbe kann auch den ganzen Flügel überziehen. Dabei bleibt nur ein kleiner, gerundeter Fleck auf der Flügelmitte in der ursprünglichen Farbe erhalten (vgl. Grafik). Spannweite 50–60 mm. **Vorkommen:** Weit verbreitet und nicht selten in lichten Wäldern und Parks. Die Art fliegt im Sommer in 1 Generation. **Nahrung:** Die Raupe lebt an Laubhölzern, Schlehen, Weißdorn und anderen Sträuchern, und findet sich im Herbst und Frühjahr. **Entwicklung, Lebensweise:** Bei dieser Art überwintert die Raupe. Die Verpuppung erfolgt dann in einem leichten Gespinst zwischen den Blättern der Nahrungspflanze. Die Falter fliegen auch bei Tage, am Nachmittag, wenn das Tageslicht nicht mehr so hell ist. Man findet dieses Verhalten bei vielen Spannerarten, vor allem bei solchen, die im Innern des Waldes leben. Außerdem lassen sich die Tiere leicht von ihren Ruheplätzen aufjagen.

Zitronenspanner
Opisthograptis luteolata

Spanner, Geometridae. **Merkmale:** Ein mittelgroßer Spanner mit zitronengelber Grundfarbe, die ihn leicht erkennen läßt. Der Vorderrand ist schmal rotbraun und braun sind auch die Mittelpunkte der beiden Flügelpaare. Spannweite 40–45 mm. **Vorkommen:** Weit verbreitet und nicht selten in baumbestandenem Gelände, lichten Wäldern und Parks, in 2 Generationen im Verlauf des Sommers. **Nahrung:** Die Raupe lebt an verschiedenen Laubhölzern. **Entwicklung, Lebensweise:** Bei dieser Art können Raupen oder Puppen überwintern, die Verpuppung erfolgt in einem dünnen Gespinst. Der Entwicklungszyklus solcher Arten wird meist vom lokalen Klima bestimmt und das Überwinterungsstadium ist nicht festgelegt. Tageslänge und Temperaturen in einem bestimmten Entwicklungsstadium bestimmen den Ablauf, der auch von Jahr zu Jahr, je nach Wetter, wechseln kann. Gewöhnlich beschleunigen warme Jahre die Entwicklung und es kommt zu mehr Generationen als in kalten Jahren. Bei anderen Arten ist der Entwicklungsgang festgelegt und erfolgt unabhängig von der Umwelt.

Birkenspanner

Biston betularia

(Foto oben: Normalform,
Foto unten: schwarze Form)

Spanner, Geometridae. **Merkmale:** Der ziemlich große Spanner ist gewöhnlich von weißer Grundfarbe, die von zahlreichen schwarzen Stricheln überdeckt ist. Es gibt aber auch eine andere Form, die mehr oder weniger schwarz gefärbt ist. Man nennt diese Form wegen der dunklen Farbe *carbonaria.* Die beiden Geschlechter sind sich gleich, das etwas größere Weibchen hat keine gekämmten Fühler, im Gegensatz zum Männchen. Spannweite 45–70 mm. **Vorkommen:** Weit verbreitet in Gärten, Parks und Laubwäldern und nicht selten, in 1 Generation im Sommer. **Nahrung:** Die Raupe lebt an verschiedenen Laubhölzern. **Entwicklung, Lebensweise:** Die schwarze Form dieses Schmetterlings wird als Industriemelanismus bezeichnet. Im vorigen Jahrhundert erschien diese Form zuerst in England und hat sich in den folgenden Jahrzehnten fast über ganz Europa ausgebreitet. Lange war man sich im Unklaren über die Ursachen dieses Vorgangs, weiß aber heute, wie diese Erscheinung zustande kommt. In Industriegebieten, vor allem solchen mit konstanten Windrichtungen, werden die Abgase in bestimmte Richtungen getrieben, schlagen sich dort auf die Baumstämme nieder und zerstören die daran wachsenden Flechten. Die helle Form des Birkenspanners war auf flechtenbewachsenen Baumstämmen tagsüber gut verborgen, mit dem Absterben der Flechten auf den nunmehr dunklen Stämmen aber gut sichtbar und konnte von Vögeln leicht erkannt und gejagt werden. Die davon an sich völlig unabhängig durch Mutation entstehende schwarze Form hatte nun den Vorteil guter Tarnung auf den dunklen Stämmen und wurde durch Selektion bevorzugt, nahm an Häufigkeit zu und breitete sich aus. Bemerkenswert ist, daß in den englischen Vorkommen um die großen Industriegebiete die weiße Form westlich der Orte vorherrscht, die schwarze dagegen östlich. Die steten Westwinde lagern eben den Schmutz östlich der Orte ab. Die Verbreitungskarte zeigt diese Verteilung sehr deutlich (s. Grafik). In den letzten Jahrzehnten wurden strenge Bestimmungen zur Verunreinigung der Luft erlassen, die Schadstoffe haben abgenommen, die Flechten wachsen wieder und die weiße Form des Birkenspanners nimmt an Zahl auf Kosten der schwarzen Form wieder zu. Es gibt wohl kaum einen besseren Beweis dafür, daß die menschliche Tätigkeit die Umwelt belastet. Schmetterlinge eignen sich überhaupt sehr gut als Indikatoren für den Zustand der Umwelt, da sie sehr empfindlich reagieren.

Anteil der f. *carbonaria* beim Birkenspanner

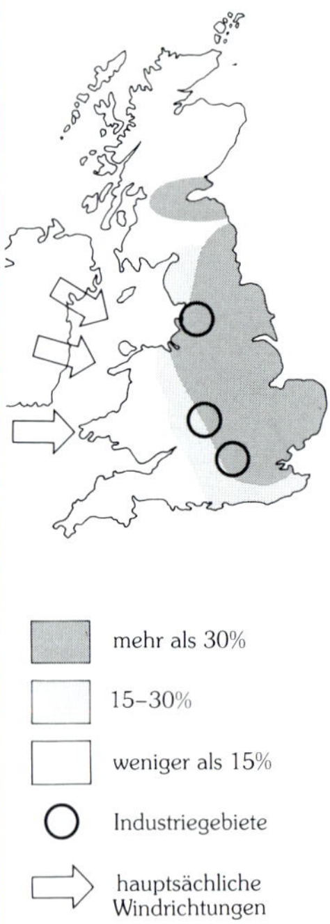

Braun-marmorierter Baumspanner

Alcis repandata

Spanner, Geometridae. **Merkmale:** Die Flügel dieses recht großen, braungrauen Tieres sind von dunkleren, welligen Linien durchzogen und geben ihm ein rindenartiges Aussehen. Der Hinterflügel ist etwas heller. Auch bei dieser Art gibt es unterschiedlich verdunkelte Exemplare, deren Vorkommen möglicherweise mit dem Flechtenbewuchs zusammenhängen. Spannweite 40–50 mm. **Vorkommen:** Die Art ist weit verbreitet und häufig in Laubwäldern und erscheint im Sommer in 1 Generation. **Nahrung:** Die Raupe lebt an Birken, Weiden, Brombeeren und Heidelbeeren, aber auch an anderen niederen Pflanzen. **Entwicklung, Lebensweise:** Die Falter sind nächtliche Tiere, die tagsüber mit flach ausgebreiteten Flügeln besonders gerne an Baumstämmen und Felsen ruhen. Ihre rinden- und flechtenartige Zeichnung verleiht ihnen eine ausgezeichnete Tarnung und macht sie fast unsichtbar. Sie bleiben sehr fest auf der Unterlage sitzen und fliegen erst ab, wenn man ihnen zu nahe kommt.

Es gibt eine Reihe recht ähnlicher Arten bei uns, die schwer zu unterscheiden sind. Bei den meisten Arten überwintert entweder das Ei oder die Raupe.

Stachelbeer-spanner

Abraxas grossulariata

Raupe

Spanner, Geometridae. **Merkmale:** Die Flügel dieses mittelgroßen Tieres, das auch Harlekin genannt wird, haben eine weißliche Grundfarbe und sind von schwärzlichen und gelben Flecken und Binden bedeckt und überzogen. Die Art ist mit keiner anderen zu verwechseln. Spannweite 35–40 mm. **Vorkommen:** Früher recht häufig in Gärten und lichten Wäldern, heute selten geworden. Die Art mit sehr großem Verbreitungsgebiet fliegt im Sommer in 1 Generation. **Nahrung:** Die Raupe lebt im Frühjahr besonders an Johannisbeerarten und ist früher in Gärten gelegentlich schädlich geworden. **Entwicklung, Lebensweise:** Die im Frühjahr vorkommenden Raupen (Grafik) sind ebenso bunt gefärbt wie die Falter und man muß annehmen, daß hier entweder eine Warnfarbe oder Mimikry vorliegt. Es ist nicht immer zu entscheiden, welche Grundlagen solche Trachten haben, da ihre Ursachen in unserer heutigen Zeit nicht mehr vorhanden zu sein brauchen und Erklärungen deshalb schwerfallen. Hervorzuheben ist, daß alle Arten von Schutztrachten nur einen relativen Wert haben.

Potentiell gefährdet.

Brennesselzünsler

Eurrhypara hortulata

(Foto oben)

Zünsler, Pyralidae. **Merkmale:** Ein kleiner, weißer Falter mit dunkelgrauen Flecken und Querbinden. Kopf und Brust sind auffallend gelb, der Hinterleib schwarz. Spannweite 30 mm. **Vorkommen:** Diese Art ist weit verbreitet in Wäldern, Parks und buschigen Gärten, wo der Falter im Sommer in 1 Generation auftritt. **Nahrung:** Die Raupe lebt zwischen versponnenen Blättern an Nesseln, Minze, Winde und anderen Pflanzen und überwintert. **Entwickung, Lebensweise:** Die Falter sind tagsüber in der Vegetation versteckt, lassen sich aber leicht aufschrecken. Sie fliegen am Abend und in der Nacht und werden vom Licht angelockt. Das hat ihnen den Namen »Zünsler« gebracht.

Graszünsler

Catoptria pinella

(Foto unten links)

Zünsler, Pyralidae. **Merkmale:** Der kleine Falter hat okkerbraune Vorderflügel mit einem weißen Längsstreifen, der in der Mitte schräg geteilt ist. Die Hinterflügel sind einfarbig hell bräunlich. Spannweite 20–25 mm. **Vorkommen:** Auf trockenen Grasböden weit verbreitet und nicht selten in 1 Generation im Sommer. **Nahrung:** Die Raupe lebt an Graswurzeln. **Entwicklung, Lebensweise:** Die Raupe überwintert in Gespinströhren an den Nahrungspflanzen. Die Falter fliegen nachts und kommen gerne ans Licht. Tagsüber sitzen sie mit eng zusammengefalteten und dem Körper anliegenden Flügeln in der Vegetation (s. Foto) und sind leicht zu beobachten, zumal sie bei Beunruhigung schnell wegfliegen und dadurch auffallen. Es gibt eine Reihe einheimischer Arten von ähnlichem Aussehen.

Seerosenzünsler

Nymphula nymphaeata

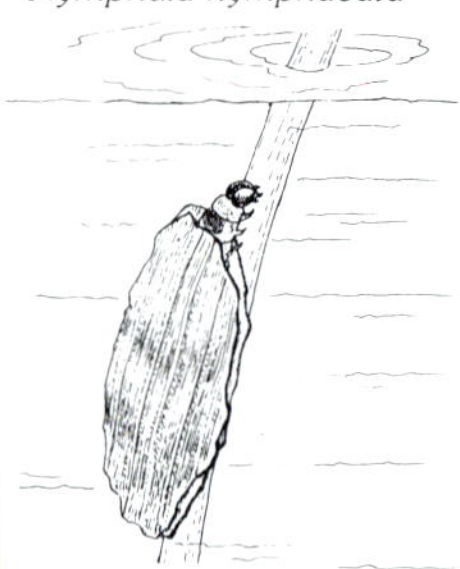

Raupe im Gehäuse unter Wasser

Raupe ohne Köcher

Zünsler, Pyralidae. **Merkmale:** Ein kleiner Falter mit heller Grundfarbe der Flügel, die von dunkelbraunen Linien und Bändern überzogen sind und ein charakteristisches Muster bilden. Spannweite 20–25 mm. **Vorkommen:** Weit verbreitet und an Gewässern nicht selten in 1 Generation im Sommer. **Nahrung:** Die junge Raupe miniert zunächst an den Blättern von Seerosen, Teichrosen und anderen Arten, später lebt sie unter Wasser in einem Gehäuse (s. Grafik). **Entwickung, Lebensweise:** Die Lebensweise unter Wasser ist ungewöhnlich. Zunächst atmet die Raupe durch die Haut, später durch die Atemöffnungen, die in das luftgefüllte Gehäuse führen. Die Luft darin wird an der Wasseroberfläche erneuert. Auch die Verpuppung erfolgt unter Wasser in einem Gehäuse an der Nahrungspflanze. Die Luft in dem Gehäuse wird von der Pflanze geliefert. Die Falter ruhen tagsüber kopfunter in der Vegetation.

Federmotte

Pterophorus pentadactylus

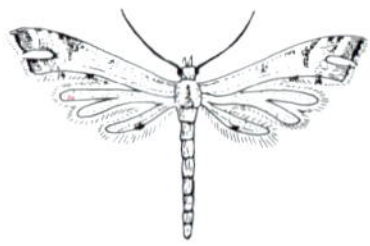

Pterophoridae. **Merkmale:** Bei dieser Art ist der Vorderflügel in 2 und der Hinterflügel in 3 schmale Lappen gespalten, deren Kanten lange Fransen tragen (s. auch Grafik). Die Farbe ist glänzend weiß und von einzelnen schwarzen Schuppen überstreut. Spannweite 30 mm. **Vorkommen:** Die Art ist weit verbreitet und nicht selten auf offenem Grasland, in Gebüschen und Gärten. Sie tritt im Sommer in 1 Generation auf. **Nahrung:** Die Raupe lebt an Windenarten. **Entwicklung, Lebensweise:** Die Raupe dieser Art überwintert und verpuppt sich im folgenden Jahr unter einem Blatt der Nahrungspflanze. Die Falter fliegen in der Dämmerung und werden vom Licht angelockt. Am Tag sitzen sie offen in der Vegetation, vor allem auf Blütenständen von Gräsern, sind aber nicht leicht auszumachen. Sie haben nämlich eine sehr eigentümliche Ruhehaltung, bei der die Flügel eingerollt seitlich abgestreckt werden und mit dem Körper eine T-förmige Figur bilden. Die langen Hinterbeine werden nach oben abgestreckt. Diese »sparrige« Gestalt wirkt »körperauflösend« und damit tarnend. Es gibt mehrere ähnliche, meist bräunlich gefärbte Arten, und auch solche, deren Flügel nicht gespalten sind.

Geistchen

Orneodes hexadactyla

Orneodidae. **Merkmale:** Vorder- und Hinterflügel sind durch tiefe Schlitze in 6 Lappen gespalten, die an den Kanten Fransen tragen und wie Vogelfedern aussehen (s. auch Grafik). Diese Art ist gelbbraun gefärbt und trägt braune und gelbe Querbinden. Spannweite 10–15 mm. **Vorkommen:** Die Art ist weit verbreitet und in buschigem Gelände und an Waldrändern nicht selten im Sommer und überwintert im Frühjahr. **Nahrung:** Die Raupen dieser Art leben in den Blüten von Geißblatt, aber auch in dessen Blättern. Auch der Falter besucht gerne Geißblattblüten, da er mit seinem langen Rüssel Blütensaft aufnehmen kann. **Entwicklung, Lebensweise:** Die Falter sitzen tagsüber mit etwas zusammengezogenen Flügeln in der Vegetation; sie fliegen in der Dämmerung und nachts und können leicht mit Licht angelockt werden. Die breiten Flügelfransen ermöglichen einen schwebenden Flug, der durch eine Art »Schwimmen« in der Luft zustande kommt. Viele der sogenannten Kleinschmetterlinge fliegen auf die gleiche Weise. Bei uns gibt es eine kleine Anzahl ähnlicher Arten dieser Familie.

Apfelwickler

Laspeyresia pomonella

(Foto oben)

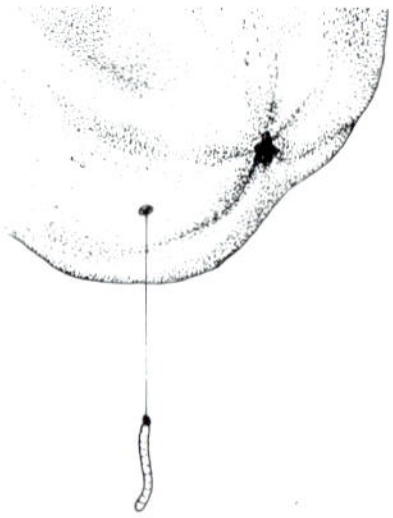

Die erwachsene Raupe »seilt« sich aus der Frucht zum Boden

Wickler, Tortricidae. **Merkmale:** Ein kleiner Falter mit bleiglänzender Flügelgrundfarbe und einem braunen Fleck mit goldfarbenen Linien an der Flügelspitze. Die Hinterflügel sind einfarbig bräunlich. Spannweite 20–25 mm. **Vorkommen:** Weit verbreitet und wechselnd häufig in 1 Generation im Sommer. **Nahrung:** Die Raupen leben vor allem in Äpfeln und sind als »Würmer« weithin bekannt. **Entwicklung, Lebensweise:** Die Eier werden an die jungen Früchte abgelegt, in die sich die Raupen einbohren. Wenn sie erwachsen sind, verlassen sie durch ein Bohrloch die Frucht, die durch den Fraß geschädigt wird. Die Raupen lassen sich an einem Gespinstfaden zu Boden gleiten (s. Grafik), wo sie sich verpuppen. Bei häufigem Auftreten sind bedeutende Schäden zu erwarten.

Gespinstmotte

Yponomeuta malinella

(Foto unten links)

Gespinstmotten, Yponomeutidae. **Merkmale:** Kleine, schmalflügelige Falter mit schneeweißen Vorderflügeln, die mit schwarzen Punkten überstreut sind. Die Hinterflügel sind einfarbig dunkel. Spannweite 15–25 mm. **Vorkommen:** Die Art ist weit verbreitet und nicht selten und kommt in 1 Generation im Sommer vor. **Nahrung:** Diese Art lebt als Raupe vor allem an Apfelbäumen, die erheblich geschädigt werden können. **Entwicklung, Lebensweise:** Die Eier überwintern; die dann schlüpfenden Raupen leben in Gesellschaften in großen Gespinsten, die sie nach und nach vergrößern und in denen sie gut geschützt sind. In den Gespinsten erfolgt auch die Verpuppung in kleinen Kokons. Die Gespinste können sehr umfangreich werden und ganze Bäume einhüllen.

Palpenmotte

Ethmia bipunctella

(Foto unten rechts)

Ethmiidae. **Merkmale:** Ein kleiner Falter mit schmalen Flügeln (s. auch Grafik), die in der vorderen Hälfte schwärzlich, hinten aber weißlich gefärbt sind. Die Hinterflügel sind einfarbig hellgrau, der Hinterleib gelblich. Spannweite 20–25 mm. **Vorkommen:** Weit verbreitet in offenerem Gelände, wo die Nahrungspflanze wächst, in 2 Generationen in Mai und August. **Nahrung:** Die Raupe lebt an Natternkopf zwischen den Trieben versponnen. **Entwicklung, Lebensweise:** Die Färbung der sehr bunten Raupen ebenso wie die der kontrastreichen Falter hat wahrscheinlich Warnfunktionen, da die Raupen bestimmte giftige Stoffe aus den Nahrungspflanzen übernehmen. Die Falter sind nachts aktiv. Bei uns gibt es eine kleine Anzahl weiterer, recht ähnlicher Arten mit der gleichen Lebensweise.

Urmotte
Micropteryx calthella

Raupe

Urmotten, Micropterygidae. **Merkmale:** Sehr kleine Falter mit metallisch grün und auch violett glänzenden Flügeln. Die Falter haben keinen Saugrüssel, sondern kauende Mundwerkzeuge (vgl. Grafik S.8). Spannweite 8–10 mm. **Vorkommen:** Weit verbreitet und nicht selten auf feuchten Wiesen im Frühjahr. **Nahrung:** Die Falter findet man bei Tage besonders in den Blüten von Sumpfdotterblume, wo sie Pollen fressen. Diese Nahrung ist einmalig bei Schmetterlingen. Die Raupen, die mehr Beinpaare aufweisen als die anderen Schmetterlinge (s. Grafik), fressen an niedrigen Pflanzen, z.B. an Moosen. Sie haben auch noch längere Fühler und unterscheiden sich deutlich von gewöhnlichen Schmetterlingsraupen. **Entwicklung, Lebensweise:** Die Falter sind tagfliegend und nicht scheu, die Raupen bevorzugen feuchte Biotope und sind nicht leicht zu finden.
Kauende Mundwerkzeuge, das stark verästelte Geäder und der Bau der Raupen werden als sehr urtümliche Merkmale betrachtet und die Urmotten werden, wie der Name sagt, als ursprünglichste Schmetterlinge angesehen. Sie umfassen nur wenige Arten, sind aber über die ganze Erde verbreitet.

Langhornmotte
Nemophora metallica

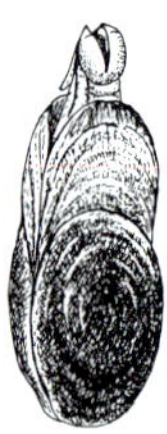
Geschlüpfte Puppe im Raupengehäuse

Langhornmotten, Adelidae. **Merkmale:** Kleine Falter mit metallisch grün glänzenden Vorderflügeln und außerordentlich langen Fühlern, die ein Mehrfaches der Körperlänge erreichen können. Die Fühler der Weibchen sind kürzer als die der Männchen. Spannweite 17–20 mm. **Vorkommen:** Weit verbreitet und nicht selten in offenem Gelände im Sommer, in 1 Generation. **Nahrung:** Die Falter findet man am Tage oft in Blüten von Skabiosen, Disteln und Flockenblumen. An den gleichen Pflanzen leben auch die Raupen, zunächst in den Blüten, später an den Blättern. **Entwicklung, Lebensweise:** Die kleinen Raupen minieren zunächst in den Nahrungspflanzen, später fertigen sie aus Blattstücken ein flaches Gehäuse, das sie mit sich herumtragen und das ihnen Schutz verleiht. Darin verpuppen sie sich auch (s. Grafik). Die recht trägen Falter hingegen sitzen am Tage ganz offen auf ihren Nahrungsblüten. Wahrscheinlich sind sie vor Insektenfressern sicher. Die Bedeutung ihrer langen Fühler ist noch unklar, sie tragen sicherlich zahlreiche Sinnesorgane und dienen sehr wahrscheinlich der Geschlechterfindung.

Register

Deutsche Namen

Wissenschaftliche Namen

Die heimischen Insekten bestimmen

Bestimmen auf einen Blick
Michael Lohmann
Schmetterlinge
mit Faltplan
Alle auffälligen und häufigen Schmetterlinge: Merkmale, Lebensweise der Falter.
Mit Faltplan: Falter, Raupen und Puppen auf einen Blick geordnet nach Ähnlichkeit.

BLV Naturführer
Wolfgang Dierl
Insekten
Libellen, Käfer, Schmetterlinge und andere
Libellen, Käfer, Schmetterlinge, Heuschrecken, Wanzen, Hummeln, Fliegen und andere: Merkmale, Vorkommen, Nahrung, Entwicklung, Lebensweise.

Bestimmen auf einen Blick
Michael Lohmann
Käfer, Libellen und andere Insekten
Häufige, auffällige und leicht zu beobachtende Insekten (ohne Schmetterlinge): rund 200 Arten in hervorragenden Farbfotos.
Faltplan: alle Arten auf einen Blick, geordnet nach Ähnlichkeit.